COMMERCIAL

Portrait

商业人像

摄影后期修图技法

龙飞 ◎ 著

内容提要

本书是一本商业摄影后期修图技法教程书。根据商业摄影后期修图流程，一共划分为6章，包含人像摄影与后期基础、肤质的初步处理、脸部与身体塑形、调色与皮肤精修、调色风格与方法、照片合成创作六大块内容，系统地讲解了商业人像摄影后期修图的技法与知识，内容全面，易懂、易上手。

本书适合职业摄影师、修图师、摄影专业学生群体、摄影爱好者等读者学习。书中每个案例都配有教学视频，读者可以边看、边听、边练，多方位进行学习。

图书在版编目(CIP)数据

商业人像摄影后期修图技法 / 龙飞著. — 北京 ：北京大学出版社，2023.5
ISBN 978-7-301-33862-9

Ⅰ. ①商… Ⅱ. ①龙… Ⅲ. ①图像处理软件 Ⅳ. ①TP391.413

中国国家版本馆CIP数据核字(2023)第053975号

书　　名 商业人像摄影后期修图技法
SHANGYE RENXIANG SHEYING HOUQI XIUTU JIFA
著作责任者 龙　飞　著
责任编辑 王继伟　刘羽昭
标准书号 ISBN 978-7-301-33862-9
出版发行 北京大学出版社
地　　址 北京市海淀区成府路205号　100871
网　　址 http://www.pup.cn　　新浪微博：@北京大学出版社
电子信箱 pup7@pup.cn
电　　话 邮购部010-62752015　发行部010-62750672　编辑部010-62570390
印 刷 者 北京宏伟双华印刷有限公司
经 销 者 新华书店
787毫米×1092毫米　16开本　16印张　414千字
2023年5月第1版　2023年5月第1次印刷
印　　数 1—3000册
定　　价 119.00元

前　言

PREFACE

在人像摄影中，修图的需求非常大，影楼人像摄影、婚礼人像摄影、电商人像摄影等，都离不开精细修图。人像摄影后期修图的本质是在前期拍摄效果不完美的基础之上，创造出不脱离自然的美，我们可以理解为延续创作或二次创作，其最主要的目的就是让照片以最美的效果展现。在人像摄影后期修图中，从人物的整体到画面的色彩、光影、构图都可以进行创作。在创作的过程中，我们需要知道如何真正地把人物变漂亮，如何定色调、定影调，如何为人物塑形，如何更好地突出主体及主体情绪和环境氛围。

摄影发展到今天，已经大众化、日常化，有修图需求和对修图感兴趣的人或多或少都掌握了一些修图入门技巧，但大部分人距离专业后期工作者还有一定距离，有很大的提升空间，这时就需要有一本能够带领他们更上一层楼的技法教程。

本书是作者根据多年工作、学习经验总结而成的，实战性、落地性很强，书中知识与技法的讲解循序渐进、由浅入深，能够满足读者入职、从业的需求，期待每一位翻阅本书的读者都能有所受益。

本书提供书中各案例的素材文件和教学视频，读者可使用微信扫描下方二维码关注微信公众号，输入本书 77 页的资源下载码，获取下载地址及密码。

目 录

01

02

03

第 3 章　修图提升：人像摄影后期脸部与身体塑形

04

第 4 章　专业呈现：人像摄影后期调色与皮肤精修

05

第 5 章　百变色彩：人像摄影后期调色风格与方法

06

第 6 章　热门主题：人像摄影后期照片合成创作

第 1 章

商业入门：

人像摄影与后期基础

1.1 商业人像摄影后期概述

1.1.1 商业人像摄影行业现状

随着时代的发展，商业人像摄影行业涉猎的范围越来越广，可以大致分为几大类：影楼人像摄影、婚礼人像摄影、电商人像摄影。

● 1. 影楼人像摄影

影楼人像摄影可以细化为婚纱照、写真照、儿童照，这类人像摄影离我们的生活比较近，无论是结婚生子还是记录青春，人像摄影都是不可缺少的一部分。影楼人像摄影主要面向普通人，而不是专业的模特，因此更要注重突出生活中的高级感。

婚纱照是女孩子的公主梦，是男士成家的标志，挂在温暖的家里，不失浪漫与温情。除了婚纱照，还有每年的结婚纪念照、全家福，都是影楼人像摄影中比较重要的。

写真照一般分为个人写真和合影写真，主要用于记录那些不可复制的美好时光。从青春少年少女到慈祥的爷爷奶奶，都是这类人像摄影的客户群体。

儿童照是每个家庭最喜闻乐见的人像摄影种类。孩子是未来的希望，也是每个家庭的掌上宝，所以儿童摄影非常热门并且稳定性强，如果客户满意你的作品，可能每年都会找你为自己的宝贝记录成长。

● 2. 婚礼人像摄影

婚礼人像摄影也称为婚礼跟拍。在我们这个有着几千年文化底蕴的国度，对于“接亲”有着非常讲究的仪式。婚礼人像摄影主要是跟随新人，从婚礼前的准备到在长辈、亲朋好友的见证下的典礼，都一路跟随记录。

● 3. 电商人像摄影

互联网电商的发展，为商业人像摄影提供了非常广阔的平台。各大线上销售平台的各类产品都需要通过精美且真实的照片进行展示。电商人像摄影中，从前期的拍摄到后期的照片处理，都可以获得很可观的收入，当然对技术的要求也会更高一些。

1.1.2 从业人员技能要求

摄影种类不同，对从业人员的技能要求也会有所不同。

对于影楼人像摄影人员，首要的要求是出图快速且精美，因为影楼中拍摄的照片是以组为单位的，一套造型拍几组照片（这里不计单片），一组照片至少有六七张，所以影楼人像摄影人员的出图速度一定要快。

影楼人像摄影后期的工作大概分为三个板块，分别是调、修、设计版面。随着时代的发展，调修软件、插件、套版软件层出不穷。为了提高工作效率，除了熟练掌握使用 Photoshop，从业人员还要学会使用一些当前市面上较为常用的辅助修图软件或插件，如 Camera Raw、Capture One、Lightroom、Portraiture、DR5 等。

婚礼人像摄影人员所运用的技能与影楼人像摄影几乎没有区别，对细节的要求可能会更松一些，更注重摄影师的抓拍技能，无论是接亲还是典礼，都要抓住每一个温情的瞬间。

电商人像摄影对于技术的要求会偏高一些，因为电商人像摄影主要是输出产品，必须使产品真实且美丽地展现出来，既能让消费者看到产品的优势，又不能过于夸大，从产品的质地到色彩都需要做到无偏差。前两种摄影作品可以进行一些艺术加工，展现出人物的美丽即可，但电商人像摄影不仅要使人物美丽，更要使产品突出、精美和真实，所以拍摄和修图的手法会略有不同，后面会为大家详细介绍。

对于人像摄影后期人员而言，除了掌握必备软件的运用，更需要掌握的是对照片的光影、色彩、构图的理解与运用。就像我们每个人都会握画笔，但要画出杰出的作品，就不单纯是“会握画笔”那么简单了。

1.2 人像摄影常用构图

1.2.1 黄金分割构图

黄金分割构图的基本理论来自黄金分割比例 1 ∶ 1.618，在摄影或摄影后期中，黄金分割构图是最常用的一种构图方式，它可以使照片看起来更舒服、自然。对于新手摄影师或摄影后期设计师而言，黄金分割构图也是基本功。下面以图例进行说明。

图 1-1

如图 1-1 所示，模特在画面中的位置过于居中，给人一种局促、空间小的感觉。加上模特本身想展现的是风吹过的感觉，如果没有足够的空间，会让人感觉画面无法流动(当然各个摄影种类要求不同，也许摄影师是为了更好地突出产品，这点我们先抛开不谈)。

接下来以黄金分割构图为画面重新构图，如图 1-2 所示。

图 1-2

重新构图后效果如图 1-3 所示。

图 1-3

同样，当我们想放大一张图时，也可以用黄金分割构图，如图 1-4 所示。

图 1-4

对于刚开始学习摄影的朋友，多进行练习，使黄金分割构图在脑海中留下深刻的印象，便能很自然地创作出构图完美的摄影作品。

1.2.2 对称构图

对称构图具有稳重、平衡、稳定性强、结构规矩的特点，一般多出现在建筑或风光摄影中。很多摄影师在人像摄影中要利用对称构图的优点，但又要让画面不失活泼感，会对人物本身的姿态进行调整。

对称构图可以是左右对称，也可以是上下对称。在运用的过程中，尽量避免产生呆板、刻板的感觉，因为对称构图在具有稳定性强的特点的同时，会给人一种四平八稳的沉闷感。我们可以通过人物的动作、姿态、造型和道具等进行调和，如图 1-5 所示。

图 1-5

1.2.3 三分法构图

三分法构图也称为井字构图，就是用两条横线和两条竖线将画面分成九等份，把摄影主体放在四个交叉点中的任意一个点上。在实际运用时主体的位置不必卡得特别严格，让主体在交叉点的周围也可以。

如图 1-6 所示，这幅活泼可爱的人像摄影作品，就运用了三分法构图。

图 1-6

如图1-7所示，画面中祖孙三代在快乐地骑自行车，但是整个主体偏离了交叉点，让人感觉画面不灵动，没有体现出速度感，而运用三分法构图调整后就会好很多。

图 1-7

1.2.4 引导线构图

引导线构图是通过线条的引导，将人们的视线吸引到主体上。这些线条可以是直线，也可以是曲线，但是要注意不能使画面过乱。

如图1-8所示，无论是左侧的书架还是右侧的玻璃隔栏，都很好地将我们的视线引导到主体人物上，就像几个箭头，使我们可以清晰地看到画面的重点。

图 1-8

图 1-9

如图 1-9 所示，柔软轻薄的纱巾从上至下垂在人物后方，形成了一条温柔的引导线，使画面既能很好地突出主体，又能配合人物的气质，整个画面尽显温柔。

图 1-10

如图 1-10 所示，画面中的人物因为水的冲击力而飞向半空，水柱就是最好的引导线，使我们的视线不自觉地沿着水柱看到人物，达到了突出主体的目的。

总结

黄金分割构图、对称构图、三分法构图、引导线构图的共同点是在突出主体的同时，使画面看起来舒服、自然。无论是拍摄还是后期修图，都经常会用到这些构图方法，我们要注意灵活运用，不能用得太过刻板，在实践中练习会达到更好的效果。

1.3 人像摄影常用光影

1.3.1 伦勃朗光

伦勃朗光也称为三角光，是人像摄影中比较经典和常用的一种光影。伦勃朗光的名字来自荷兰画家伦勃朗，他常用这种光影作画。

特点与优势

伦勃朗光的特点是光线从人物一侧斜上方打下，人物脸部会出现强烈的明暗对比，同时人物另一侧脸上眼睛下方会出现一个三角形亮区，也称为“三角光”。

伦勃朗光下的人像摄影可以突出人物脸部的立体感，尤其是对于脸部较平、鼻梁较低的人物，有非常好的提升立体感的效果，如图 1-11 所示。

图 1-11

1.3.2 蝴蝶光

蝴蝶光也称为派拉蒙光，因其尤为适合展现女性美，又被称为美人光，是人像摄影中常用的比较经典的一种光影。

特点与优势

蝴蝶光的特点是主光源在镜头轴上方由上至下 45° 方向打到人物脸部，人物鼻子、眉毛、下巴的下方会出现阴影，整个脸部更立体。除此之外，由于此光会使人物脸颊两侧偏暗，也可以将人物脸部塑造得更瘦、更具立体感，如图 1-12 所示。

图 1-12

1.3.3 侧光

侧光是指光从拍摄主体的侧面打过来。这种光影可以产生强烈的明暗对比，使画面具有很强的视觉冲击力。

特点与优势

侧光的特点是光线与相机拍摄方向呈 90° 夹角，而在这种光影下拍摄出来的照片，拍摄主体的立体感与氛围感都很强，如图 1-13 所示。

图 1-13

1.4 人像修图色彩基础

1.4.1 色彩模式

色彩模式可以理解为记录图像颜色的方式，不同的色彩模式有不同的表达方式与用途。对于摄影后期，最常见的色彩模式有 RGB 模式和 CMYK 模式。

● 1. RGB 模式

RGB 模式是摄影后期常用的一种色彩模式，也称为加色模式。RGB 模式由红（Red）、绿（Green）、蓝（Blue）三原色构成，我们在通道中也可以看到它们。这里的三原色与美术中的三原色不同，RGB 模式中的三原色属于光色混合，所以也称为光原色。

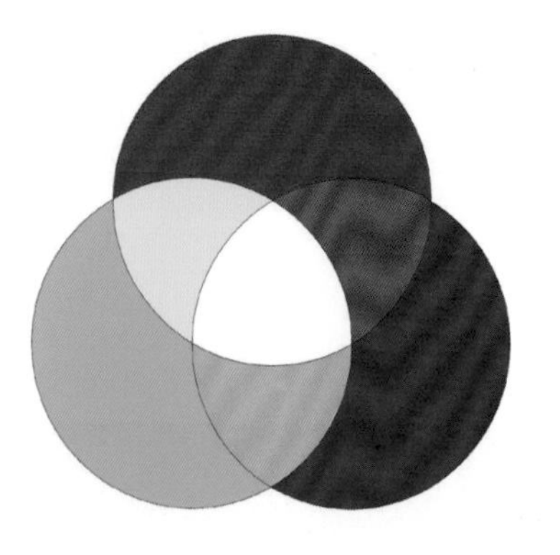

图 1-14

每一个原色都有 0（黑）至 255（白）共 256 个值，三个原色不同的值组合在一起，可以得到 16777216 种颜色，这就是明明只有三个原色，却可以在显示器上呈现出五彩斑斓的影像的原因。RGB 模式之所以叫加色模式，也是因为其光色混色的特点，三个原色互相叠加会越叠越亮，最后得到白色，如图 1-14 所示。

同理，我们实际调修照片时也是如此，如图 1-15 所示，我们在原图中分别加红、绿、蓝三种颜色，照片在变色的同时，光影也会跟着变亮。

图 1-15

● 2. CMYK 模式

CMYK 模式是一种印刷模式，由青（Cyan）、洋红（Magenta）、黄（Yellow）、黑（Black）组成。它与 RGB 模式刚好相反，属于减色模式，因为 CMYK 模式的三个原色互相叠加是越叠越暗的，如图 1-16 所示。

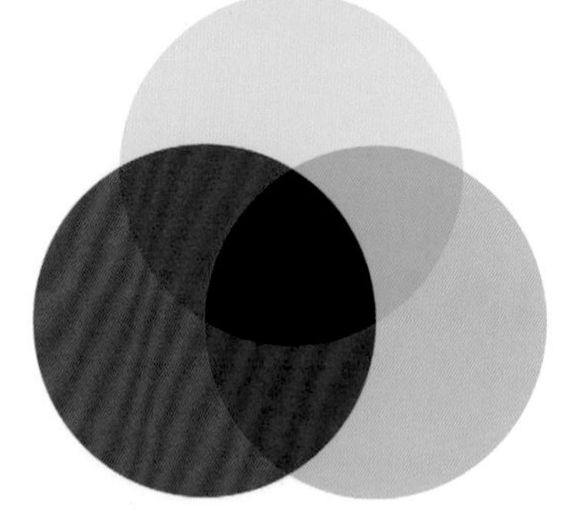

图 1-16

1.4.2 三原色叠加原理

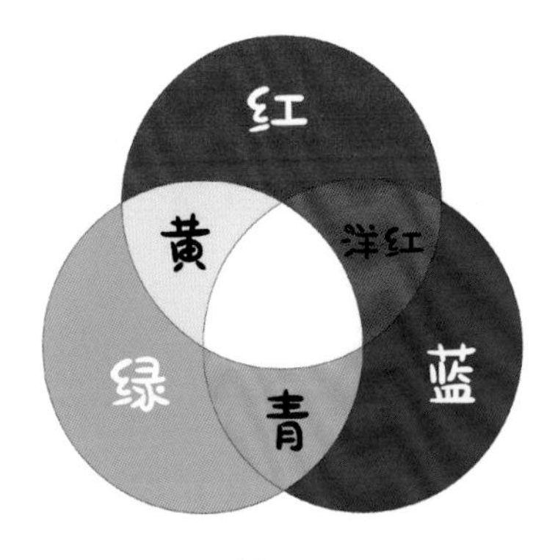

图 1-17

这里的三原色叠加原理是指 RGB 模式的调色原理，当不同的原色叠加在一起时，不仅光影会变亮，颜色也会发生变化，我们根据颜色变化的规律，就可以调色了。

如图 1-17 所示，红 + 绿 = 黄；红 + 蓝 = 洋红；绿 + 蓝 = 青。

如图 1-18 所示，色彩平衡中的红 + 绿 = 黄。

图 1-18

其他颜色同理，这里不再一一演示。

1.4.3 补色的关系

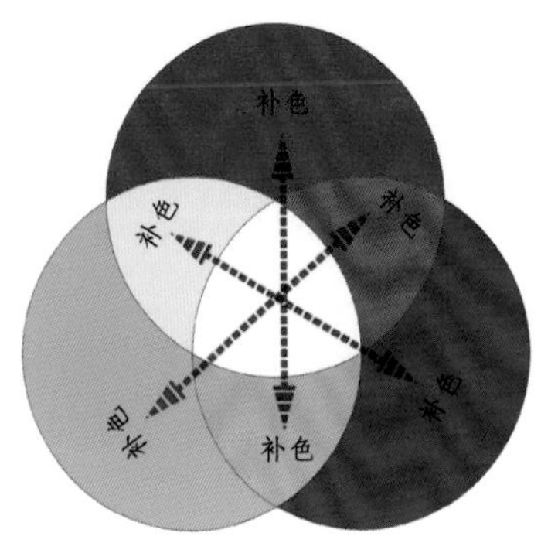

图 1-19

一个原色与另外两个原色叠加混合的间色互为补色，黄与蓝、青与红、绿与洋红就是互为补色的关系，如图 1-19 所示。

如图1-20所示，原图是一张暖色调的海边少女图，我们用色彩平衡为它加青色，青色与红色互为补色，所以红色就会被弱化，而青色则被强化，照片便会由暖色调转为冷色调。注意这里红色被弱化不是被减少了饱和度，而是受到了补色的影响。

图1-20

其他补色的运用方法相同。例如，照片太黄时可以加蓝色，照片偏洋红时可以加绿色，反之同理。

1.5 人像摄影后期修图思路

1.5.1 学会看原片

图 1-21

调修一张照片首先要做的是分析原片，我们从光影、构图、色彩、人物年龄、人物造型、人物表情、人物姿态、人物气质、拍摄环境、道具、人数几个角度进行分析，来确定照片的优缺点和适合的色调。为什么要从这几个角度来分析呢？接下来我们以图 1-21 所示的照片进行说明。

照片中的小男孩一脸天真地望着镜头，我们从上述几个角度分析照片。

光影：光影是侧逆光，光从人物左后方照过来，根据光影的走向，我们可以适当加一些暖光进来，既能加强画面光影的视觉冲击力，也能为照片添加暖色调。

构图：照片是竖构图，人物距离镜头也比较近，所以在调修时要注意小男孩的脸部细节，如肤质与色彩的均匀度。

色彩：照片是暖色调，再加上侧逆光光影的特点，可以确定照片比较适合暖色调。

人物年龄：小男孩大约 5 岁，小朋友总会给人一种活泼、天真、可爱的感觉，暖色调有很多种，关于小朋友的照片一定是不压抑的阳光的暖。

人物造型：照片中的小男孩穿着生活化，给人一种温情的感觉。假如人物是某个动漫人物的造型，我们可能就要根据造型来调色甚至换背景。

人物表情：照片中小男孩笑得很甜，眼睛也很明亮，纯净中透着生活的美好，那么我们就更加确定色调一定要足够温暖。假如小男孩的表情是悲伤的或惊恐的，那么我们就要考虑人物表达的情绪，来确定如何调整色调。

人物姿态、人物气质：小男孩趴在栏杆上，会给我们一种灵动感，其气质也是小朋友独有的活泼感。无论是调整色调还是出图排版，都要考虑到人物的气质。

拍摄环境：照片拍摄环境中有大片的植物，给人一种生命力旺盛的感觉。照片中元素有远有近、有虚有实、有高有矮，但画面取景又不杂乱。假如你拿到一张取景杂乱的照片，就要想办法进行二次构图，使画面有层次而又不失空间感，且不杂乱。

道具：照片中小男孩没有拿任何道具。如果我们拿到人物拿着道具的照片，要思考的就是道具与照片主题的关系，我们要根据道具的表现，更好地判断出照片要表达的主题。

人数：这是一张单人照片。我们要根据人数的多少、人物的年龄与构图来确定二次塑造光影的方法，以及排版所用的版面与配文。

最后笔者进行了简单的调修，对比如图 1-22 所示。

图 1-22

总结

对于其他照片，也同样要从上述几个角度进行分析，在后面的章节中我们会使用大量的图例，让大家更好地体会如何分析照片，这里我们先对分析照片有初步的认识即可。

1.5.2 修正瑕疵回归自然色

这一小节的内容也可以称为“色彩还原”，就是把曝光不准确与色彩偏色的照片调回正常，这也是调色的基础。我们依然以图例来说明。

如图 1-23 所示，画面中的主角是一位青春可爱的女孩，接下来我们从整体到细节来分析照片的问题，在发现并解决问题的同时进行色彩还原。

图 1-23

整体问题

光影：强烈的光导致照片整体光影灰且亮，画面不通透。

色彩：照片在灰亮的光影下，色彩会不通透、不靓丽。

细节问题

为了使大家看得更清楚，细节问题以图文展示，如图 1-24 所示。

图 1-24

头发有绿边，很影响出图的效果。

有的光斑很有美感且能烘托氛围，而有的光斑则会使画面色彩杂乱。

眼睛下方的光斑会导致肤色不匀。

脸部下庭因衣服的颜色反射到脸部，肤色大面积不匀且偏紫。

脖子后方受光影与环境色的影响，肤色略暗且偏绿。

根据上述问题，笔者适当地进行了调修，对比如图 1-25 所示。

图 1-25

总结

其他类型的照片也应从上述各个角度来分析并进行色彩还原。虽然不同照片的风格、色彩、光影各有不同，但调修思路是相同的，应解决曝光不准确、偏色等问题。当然，一些特殊的光影、色调、风格除外。

1.5.3 二次创作塑造风格

对于数码时代的修图师而言，二次创作空间非常大。我们可以根据原图创作出延伸思维的作品，也可以根据个人的喜好，创作出颠覆原图的作品（如将白天调成黑夜）。

图 1-26

如图 1-26 所示，照片中有一个可爱的小男孩，好奇地看着窗外，对于窗外的景色我们有很大的创作空间。小朋友的世界是多姿多彩且充满想象的，所以我们可以更换窗外的景色，加上一个小精灵与小男孩互动。

在创作的过程中，我们要注意对环境色的把握，因为后换进来的场景与原图的光影和色彩是截然不同的，所以从构图到色彩再到光影，都要做到契合且统一。这里的统一并不是说画面中出现的所有元素都要变为同样的色彩，而是在保留每一个元素本身色彩的同时，使整体的环境色统一。我们在后续的学习中也会格外强调这点。

另外，我们还要注意添加的互动元素的肢体与眼神要与原图中的人物有交流的感觉，这样画面会更加自然灵动。二次创作的效果如图 1-27 所示。

图 1-27

总结

二次创作塑造的风格是多种多样的，这里我们只简单介绍了其中一种，后面我们会学到各种各样的风格。

1.6 商业人像摄影后期常用软件和插件介绍

1.6.1 Photoshop

Photoshop 对于摄影后期而言是非常重要的一款图像处理软件，即使现在市面上可以处理照片的软件琳琅满目，Photoshop 也依然稳居榜首。Photoshop 是由 Adobe Systems 开发和发行的图像处理软件，基本每年都会更新版本，其中工具随着版本更新也越来越智能，无论是色彩处理，还是液化、抠图，都非常受广大设计师的喜爱。Photoshop 的桌面快捷图标如图 1-28 所示。

图 1-28

界面介绍

本书主要根据 Photoshop 2021 版本进行讲解，图 1-29 所示的界面是我们常用的工作界面，当然每一位设计师的修图习惯不同，可以根据个人需求调整界面。

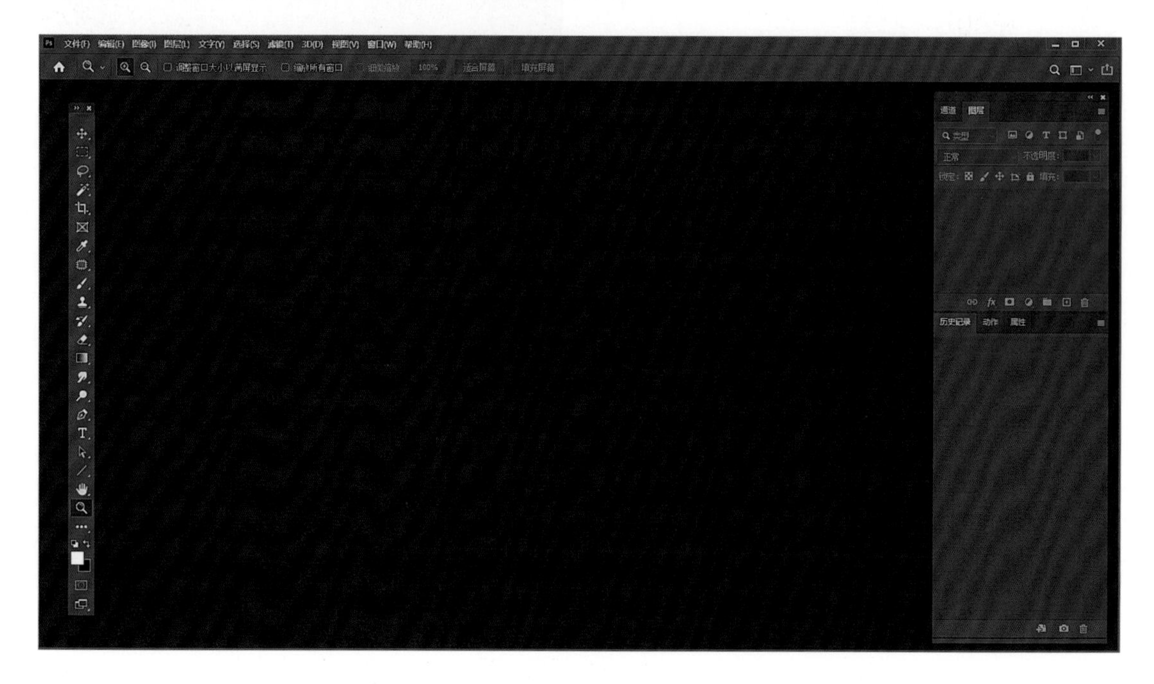

图 1-29

在未来的学习中，我们 50%的工作会在这个界面中进行，这也体现了 Photoshop 对我们的重要性。

1.6.2 Camera Raw

Camera Raw 是 Photoshop 自带的一款插件，它可以编辑 Raw 文件，这也是 Photoshop 中亮眼的功能之一，本书讲解的大部分调色操作都是在 Camera Raw 中完成的。Camera Raw 的功能强大，无论是调光影还是调整体或局部色彩都非常准确且快捷，并且拥有批处理功能。

界面介绍

首先，如果想在 Camera Raw 中打开 JPEG 文件，需要进行设置。执行“编辑 > 首选项 >Camera Raw”命令，然后在“Camera Raw 首选项”对话框中选择“文件处理”，将“JPEG 和 TIFF 处理”中的“JPEG”设置成“自动打开所有受支持的”，如图 1-30 所示。

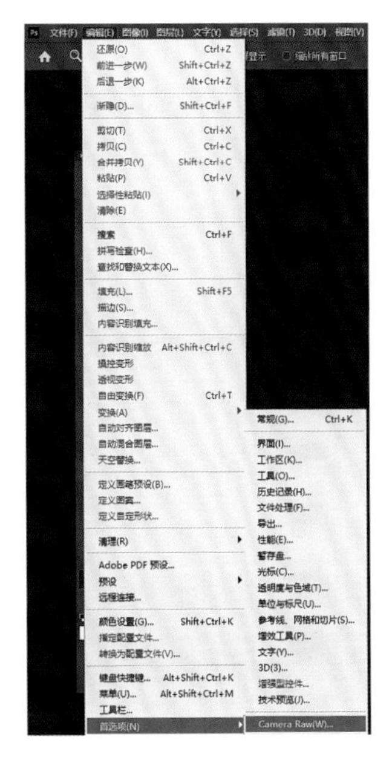

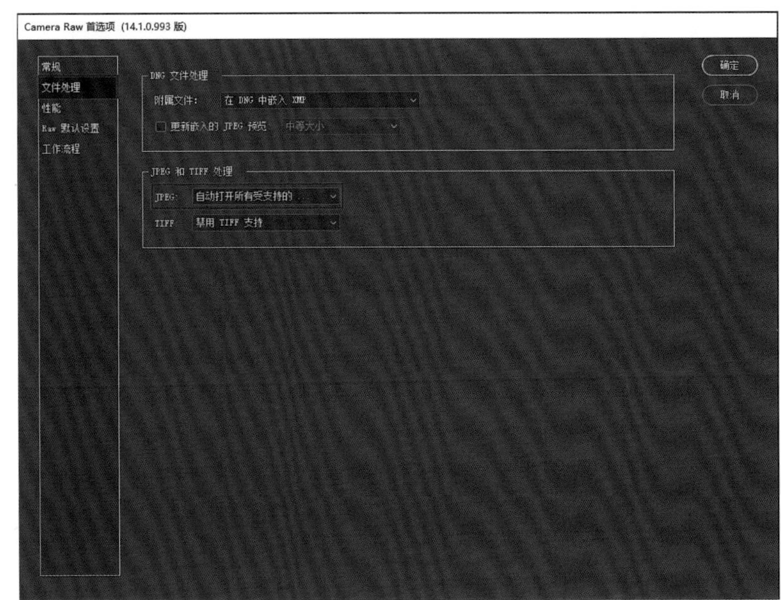

图 1-30

然后再打开照片时，便会进入 Camera Raw 界面中。如果不打算打开多张照片批量处理，并且要处理的照片已经在 Photoshop 主界面中打开，也可以在“滤镜”菜单下选择“Camera Raw 滤镜”命令进入 Camera Raw 界面，如图 1-31 所示。

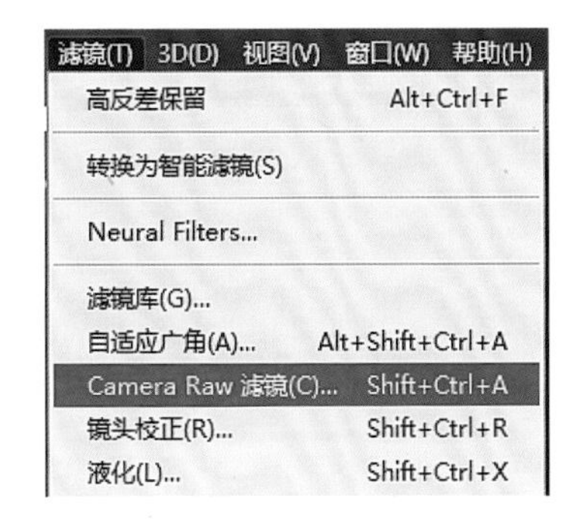

图 1-31

如何批处理

“批处理”就是批量处理照片，比如我们拍了一组照片，照片中人物的造型和场景都是相同的，那么我们不需要逐张调色，只需调好一张后，为其他照片同步复制调好的色调就可以了，但每张照片的细节还是需要单独调整。

在打开多张照片时，Camera Raw 界面下方会出现一个编辑栏，如图 1-32 所示，打开单张照片时则不会出现。

图 1-32

图 1-33

打开多张照片后，先编辑好一张照片，然后可以按快捷键 Ctrl+A 全选，可以按住 Ctrl 键配合鼠标（或压感笔）跳选，也可以按住 Shift 键配合鼠标（或压感笔）截选，不管如何选择，选择的第一张照片，一定是先编辑好的那张；然后将鼠标指针放置在选择的最后一张照片上，此时照片右上角会出现一个小菜单，选择第一个图标■，然后在弹出的快捷菜单中选择“同步设置”，批处理就完成了，如图1-33、图1-34所示。

图 1-34

编辑好后，再按快捷键 Ctrl+A 全选，如果单击界面右下角的“打开”按钮，那么所有照片都将进入 Photoshop 主界面中；如果单击“完成”按钮，那么 Camera Raw 将自动关闭，在 Camera Raw 中的所有编辑效果都将被存储，下次再用 Camera Raw 打开这些照片时，所有效果都还在；如果单击“取消”按钮，系统会提示是否将所有编辑取消，此时根据需要进行选择即可。

Camera Raw 功能非常强大，在后续的学习中，我们会经常运用它。

1.6.3 Capture One

Capture One 是一款功能强大的图像处理软件，也是修图师工作中的利器之一，它与 Camera Raw 的不同之处在于，它是独立的软件，不是插件。在处理照片时，Capture One 有独有的优势和特点。

界面介绍

Capture One 的界面很直观，分类也很精准，在“色彩编辑器”与“清晰度”上有着突出的表现，如图 1-35 所示。

图 1-35

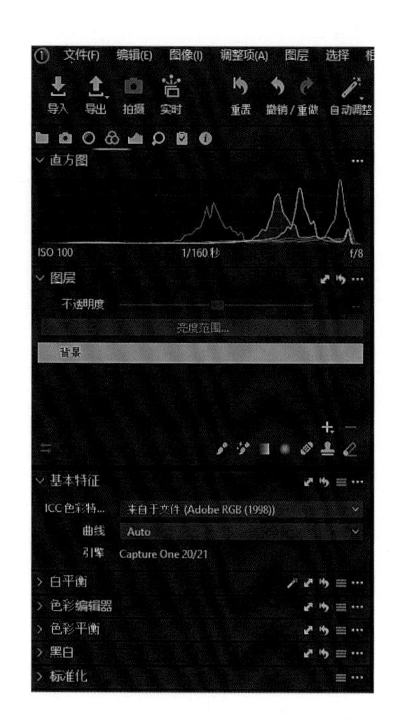

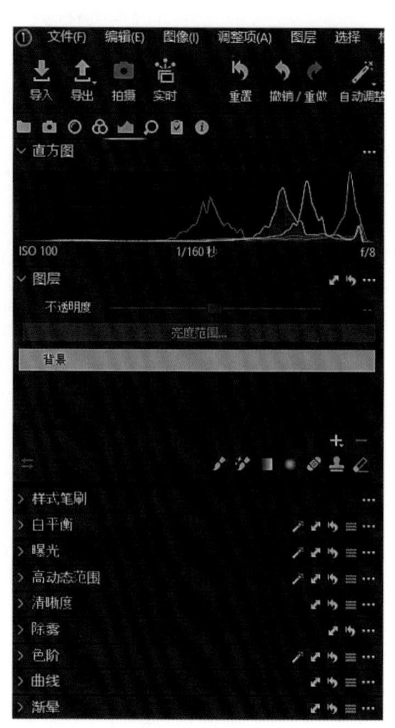

图 1-36

Capture One 中最常用的两个界面分别是“色彩”与“曝光”。Capture One 中无论是“色彩平衡”还是“色阶”“曲线”等，都一应俱全，并且也拥有批处理的功能，如图 1-36 所示。

本书对于 Capture One 运用较少，但设计师可以根据个人的修图习惯和需求，组合使用不同的软件或插件。

1.6.4 Portraiture

Portraiture 是一款智能磨皮滤镜插件，本书中将它安装在了 Photoshop 2021 中。在修图时，对于皮肤的初步处理和磨皮，Portraiture 无疑是最好的选择。

界面介绍

Portraiture 安装好后，在 Photoshop 的“滤镜”菜单下可以找到它，如图 1-37 所示。Portraiture 界面中，左侧是操作栏，右侧是“确定”和“取消”按钮，中间是图像主体，为了让大家看到对比，图 1-38 所示的界面中选择了“垂直分割预览窗口”，实际使用时选择“全窗口预览”即可。

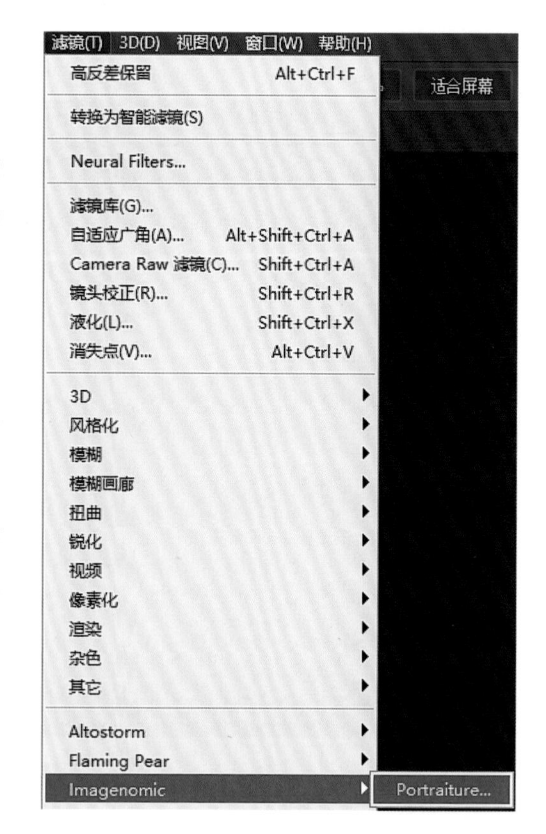

图 1-37

图 1-38

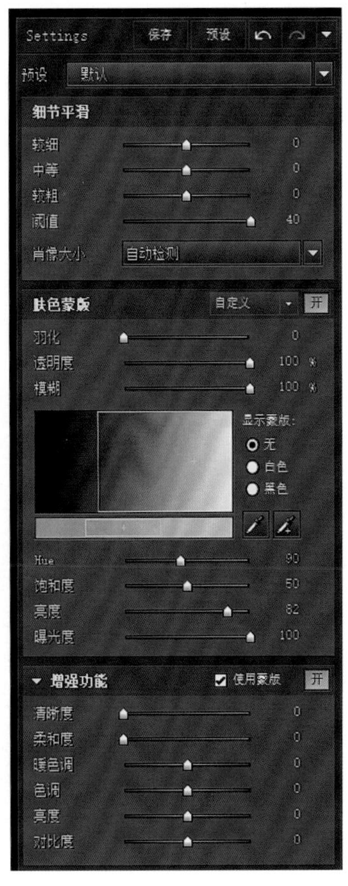

图 1-39

操作栏的设置

如图 1-39 所示，在左侧操作栏中，“细节平滑”区域中的“阈值”控制磨皮力度的大小，不建议大家设置太大的值，用默认值即可，这里将阈值调到 40 是为了让大家看清楚效果。

“肤色蒙版”区域中的选项一般也选用默认值。

“增强功能”区域中的选项，有用于调光影的，也有用于调色彩的，这就意味着在磨皮的过程中，还可以调色。但是不建议大家在 Portraiture 中调色，建议在 Camera Raw 中集中调整。

1.6.5 DR5

DR5（Delicious Retouch 5）是一款强大的磨皮插件，可以在保留真实皮肤质感的同时磨皮，除此之外，它还可以调整妆面、修饰五官，甚至可以调一些常见的色调，它可以称为修图师的百宝箱。

界面介绍

在 Photoshop 中安装好 DR5 后，我们可以在“窗口”菜单的“扩展”子菜单中找到它，如图 1-40 所示。

在后面有关磨皮的章节中，我们会详细介绍它。

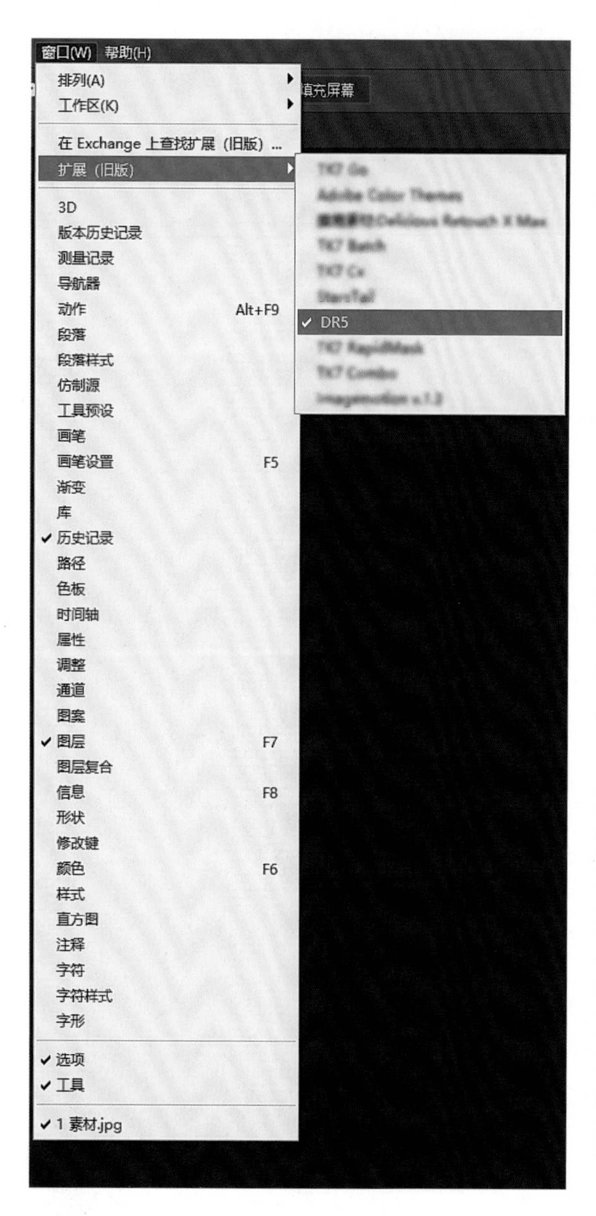

图 1-40

第2章

修图基础：人像摄影后期肤质的初步处理

2.1 处理脸部明显瑕疵

2.1.1 简单消除瑕疵

前面学习了处理照片的各类软件与插件，本节我们就学习用 Photoshop 来处理人物脸部明显瑕疵的方法。一般在处理照片时处理顺序是先调色后修肤，但是为了让大家由浅入深地学习，我们先从简单的修复人物脸部瑕疵开始。

在处理一张人像照片时，一般先将脸部最粗大的瑕疵去掉，会运用到“修补工具”和“内容识别工具”。“修补工具”如图 2-1 所示。

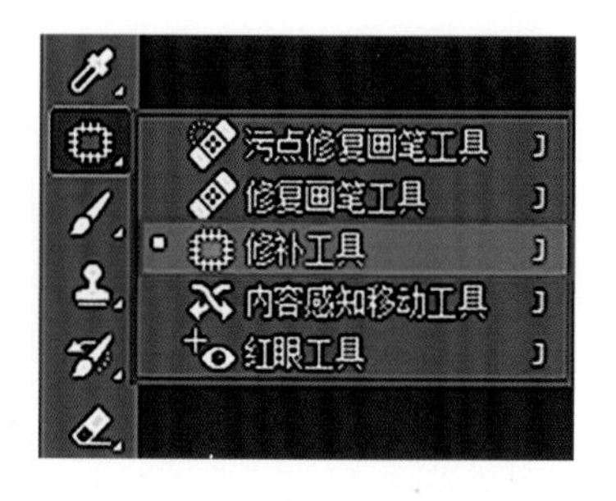

图 2-1

以图2-2所示的照片为例，图中模特右侧脸颊上有大量的痘痘和斑。

图 2-2

选择“修补工具”，按住鼠标左键（或用压感笔）围绕痘痘画一个选区，然后再将鼠标指针（或压感笔）移动到选区中间的位置并拖曳（拖曳选区时，其中内容会跟着一起移动），拖曳到邻近的平滑的皮肤处释放，再按快捷键 Ctrl+D 取消选区，即可完成修补，如图 2-3 所示。

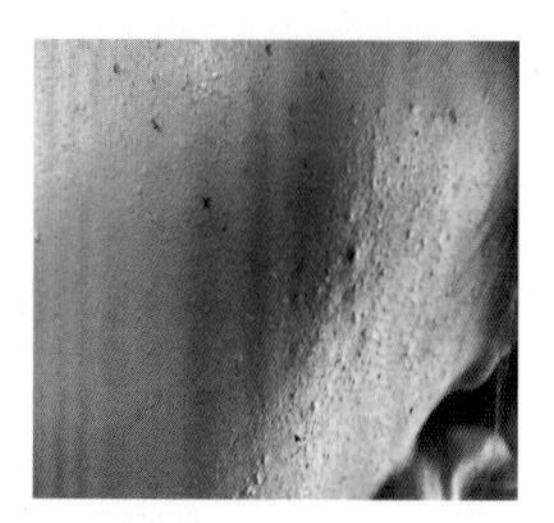
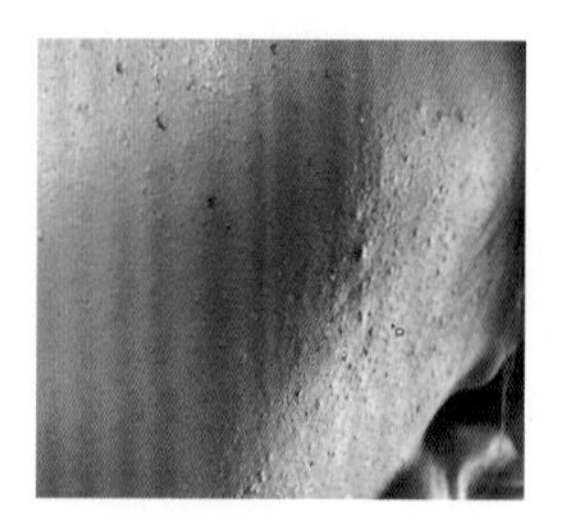
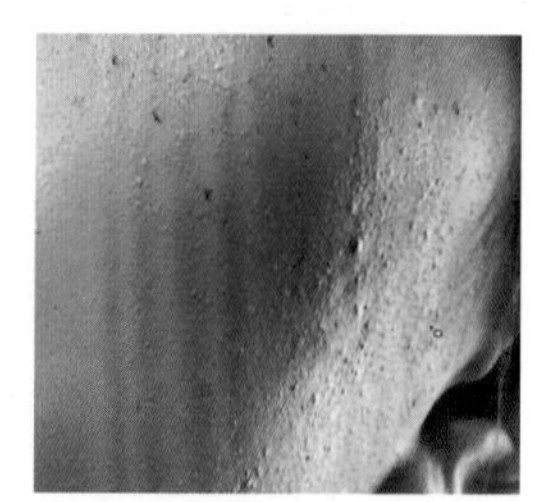

图 2-3

这里要注意，拖曳选区一定要拖曳到邻近的皮肤处，这样才能使要修复的皮肤的色彩和质感与邻近的皮肤相似或相同，修复出来的效果比较自然，修斑也是如此。

2.1.2 保留质感消除瑕疵

因为不同位置的光影与质感不同，有些瑕疵用“修补工具”仍然无法修出自然的效果，那么就要考虑使用“内容识别”工具。

如图 2-4 所示，用“修补工具”或其他可以创建选区的工具画一个选区，然后按 Delete 键，弹出“填充”对话框，将“内容”设置为“内容识别”。

接着单击“确定”按钮，如图2-5所示。这里要注意的是，按Delete键填充仅对锁定的原始背景图层有用，如果要填充其他图层，可以按快捷键 Shift+F5。最后按快捷键 Ctrl+D 取消选区，即可完成填充。

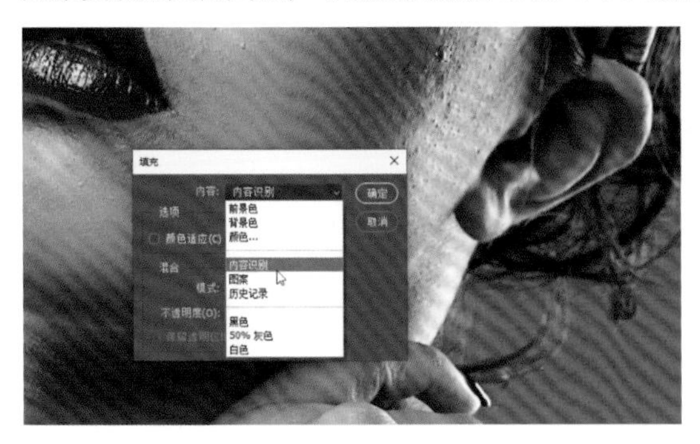

图 2-4

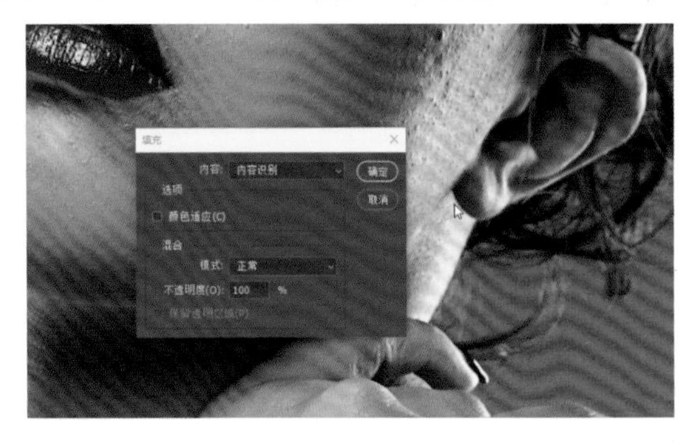

图 2-5

我们来看一下瑕疵被修掉的对比效果，如图 2-6 所示。

图 2-6

例图中模特的雀斑是化的妆容，为了展示修图效果，笔者刻意修掉了。

2.1.3 添加质感

2.1.2 小节中介绍了保留质感的修图方法，还有一种情况是需要我们添加质感。有的时候因为照片中皮肤修饰过度，或者照片有效果需求，要添加一些强烈的质感，这时就要用到“高反差保留”命令。

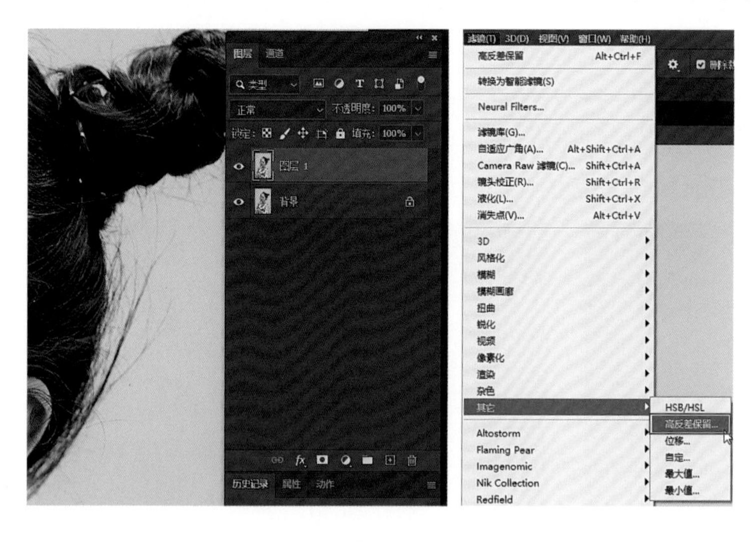

图 2-7

首先，将要修的照片复制一层（快捷键 Ctrl+J），然后执行“滤镜 > 其他 > 高反差保留”命令，如图 2-7 所示。

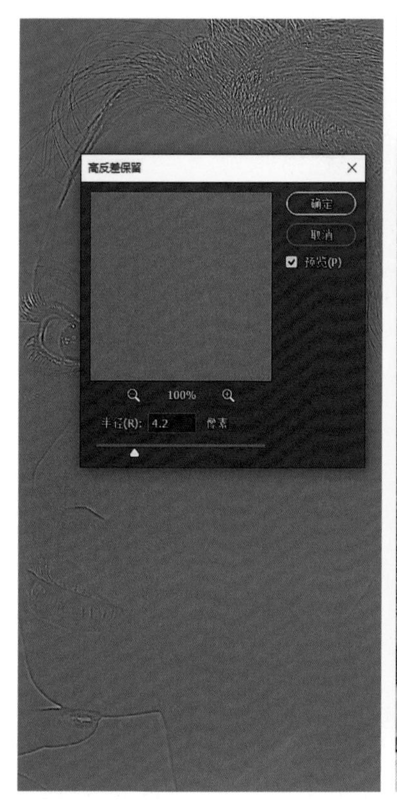

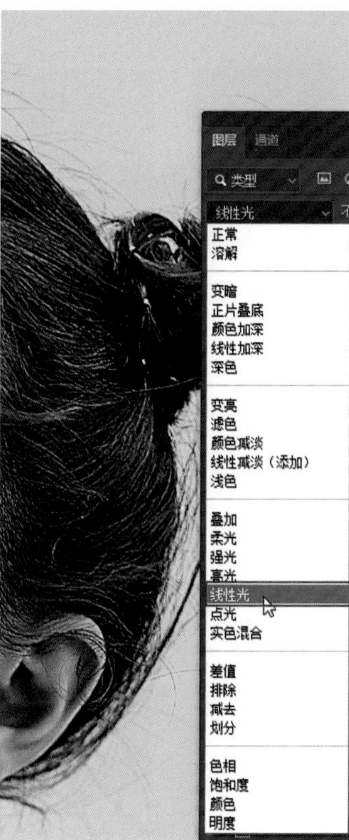

图 2-8

注意这里的“半径”值，每一张照片的光影、色彩等情况不同，“半径”值是没有办法通用的。判断它的标准是“轮廓”的大小（在“高反差保留”对话框灰色区域中，画面整体边缘轮廓线的深浅与范围的大小），在调整“半径”值时，只需要可以看清楚边缘轮廓线即可。“半径”值设置过大，会使主体边缘出现白边；“半径”值设置过小，效果又不明显，所以需要根据“高反差保留”对话框灰色区域中呈现的轮廓来判断。还可以将这个图层的混合模式改为“柔光”或“线性光”。大家可以根据需求选择合适的混合模式，这里为了使效果更明显，选择“线性光”混合模式，如图 2-8 所示。

我们来看看前后对比效果，可以看到从头发、眼睛、眉毛到整体肤质，质感都得到了加强，如图2-9所示。

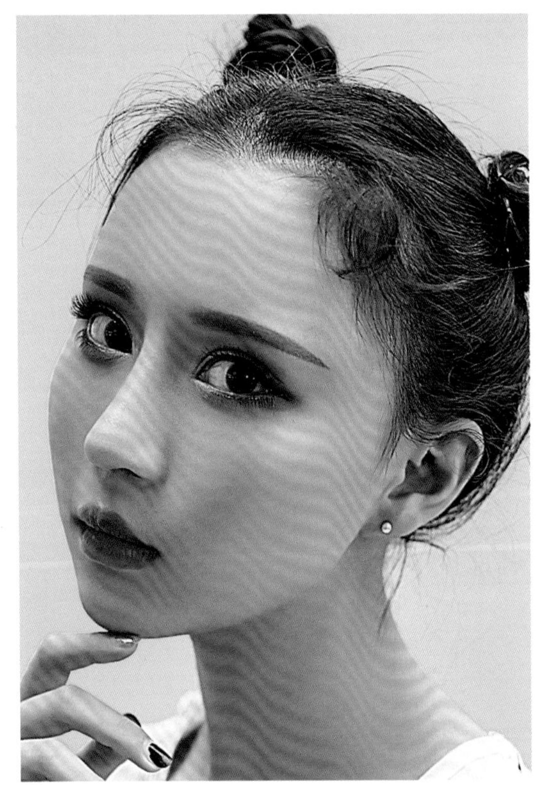

图 2-9

小提示　并不是力度大（线性光）效果就一定好，更常用的混合模式是“柔光”，这里因为是在纸质印刷品上展示，为了使效果明显，所以选择了“线性光”。

“高反差保留”命令就像它的名字一样，保留反差高的部分，从而提升画面质感。它不仅能强调皮肤的质感，也能使画面整体的效果得到提升，并不仅限于运用于人物肤质的处理。

2.2 处理碎发与皱纹

2.2.1 处理碎发

在处理人像照片时，经常需要处理碎发，它们有的贴在额前，有的散在脑后，使人物看起来不精致，甚至有些“蓬头垢面”。接下来我们看看如何修掉它们。

如图 2-10 所示，像这种额前比较少且稀疏的碎发，可以直接用“污点修复画笔工具”抹掉，在使用时，按住鼠标左键（或用压感笔）直接涂抹即可。

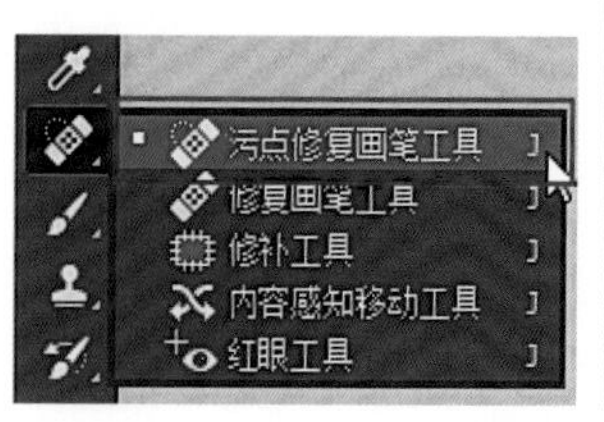

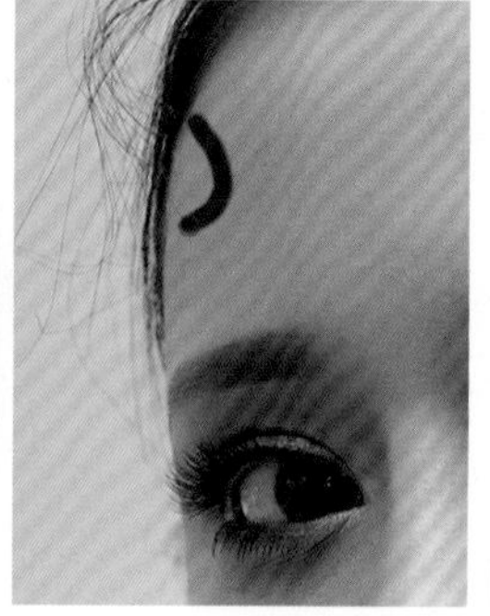

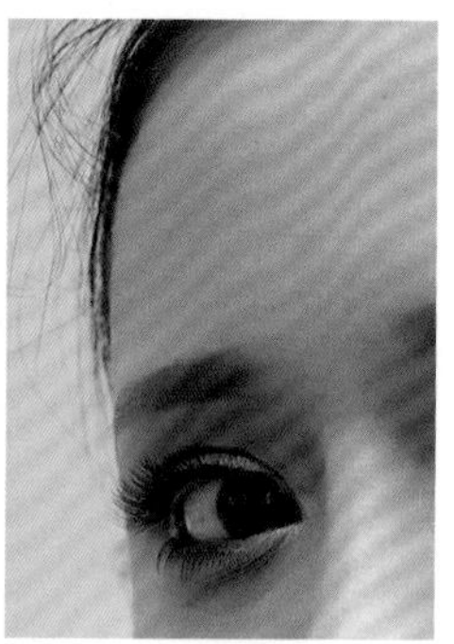

图 2-10

这里涂抹了两次，碎发间隔较远时需要分开涂抹，注意调整画笔的大小，不要波及周边。额头外背景处的碎发如果影响画面美感，也可以这样修饰，或者直接用前面学习的“修补工具”进行修补。如果你认为不修更好看，也可以保留，这里只是介绍方法。

脑后、颈后散落的碎发发量大、面积大，就不适合用“污点修复画笔工具”了，此时需要选用“仿制图章工具”。

如图 2-11 所示，“仿制图章工具”的硬度需要设置为 0%，这样修出来的效果比较自然。

如图 2-12 所示，在离碎发不远的位置，按住 Alt 键，当鼠标指针变成十字形画笔的样式时，在画面上单击，然后释放 Alt 键，这个过程叫作“取样”，也就是对没有碎发的背景进行复制，单击的位置就是“取样点”。

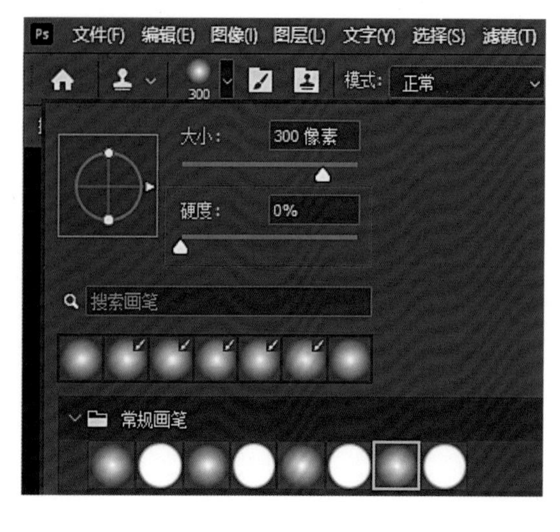

图 2-11

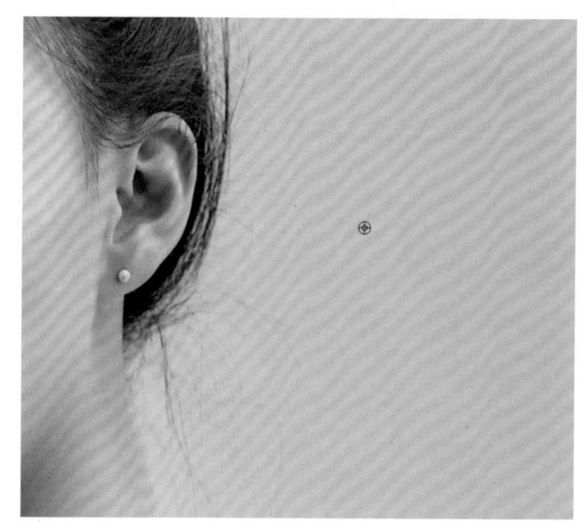

图 2-12

画笔的大小过大会波及非修饰区域，过小修起来会很慢且极易修花。修图时人物也要缩放到合适大小，并不是放得越大修得越细、效果越好，放得过大反而容易看不到整体效果，从而将照片修花。

取好样后直接涂抹碎发区域，在涂抹的过程中，会发现有一个十字跟着移动，它在哪里就表示正在复制哪里的背景，如图 2-13 所示。

在操作的过程中需要不停地取样，因为计算机没有办法非常精确地帮我们识别需要的区域。我们的拇指可以一直放在 Alt 键上，按照所需及时按下取样，直至将碎发修干净。

要特别注意的是，靠近需要保留的头发时，为了使其看起来更自然，我们需要用画笔的边缘轻扫着修，因为前面设置了画笔的硬度为 0%，所以它的边缘就像羽毛一样轻柔，轻轻扫过，自然不会生硬。我称它为“以边盖边”，就是用画笔柔柔的边去“扫修”头发柔柔的边。

在“扫修”的过程中不要把距离拉得太长，“扫修”时，最好是沿着头发的轮廓画弧形，如图 2-14 所示。

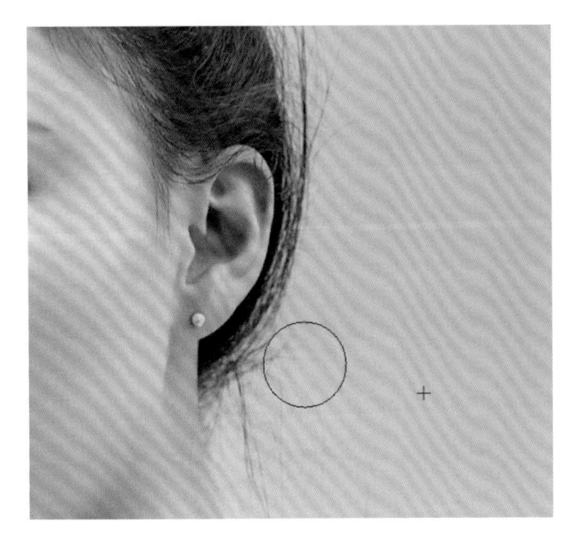

图 2-13

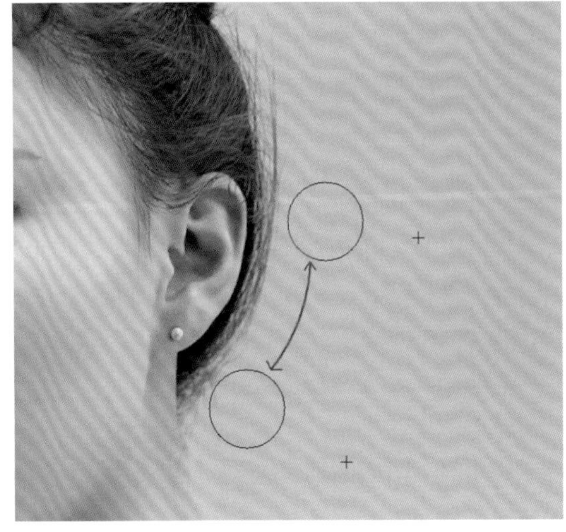

图 2-14

处理碎发的前后对比效果如图 2-15 所示。

图 2-15

2.2.2 去除皱纹

图 2-16

在精修脸部时，皱纹也是我们要面对的“敌人”之一。对于一些年龄段的人物，皱纹反而会提升气质，所以去除皱纹要因人而异。

● 1. 案例：去除眼周纹与鱼尾纹

眼周纹与鱼尾纹一般会出现在眼周与眼角。在修饰成熟稳重的人物照片时，应当淡化与保留一部分皱纹的痕迹，这样修出来的效果才能自然、不僵硬。去除皱纹不要生硬地将人物脸部抹平，这样不仅不会使人物看起来年轻，反而会有一种戴了一张面具的感觉。接下来我们以图 2-16 所示的照片为例进行讲解。

如图 2-17 所示，先将人物脸部放大，除了眼角最重的皱纹不用动，剩下的皱纹都用“修补工具”仔细勾掉。

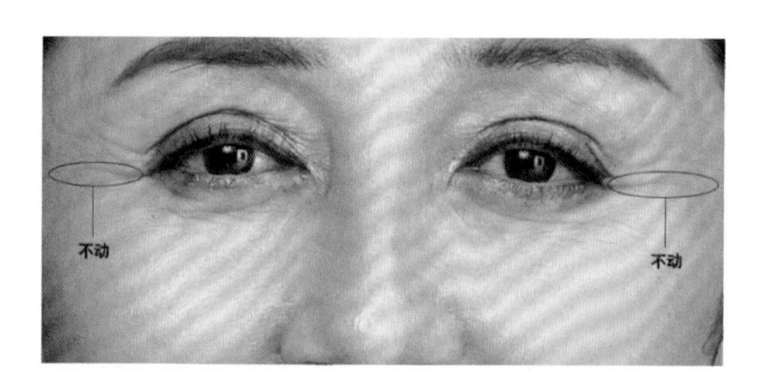

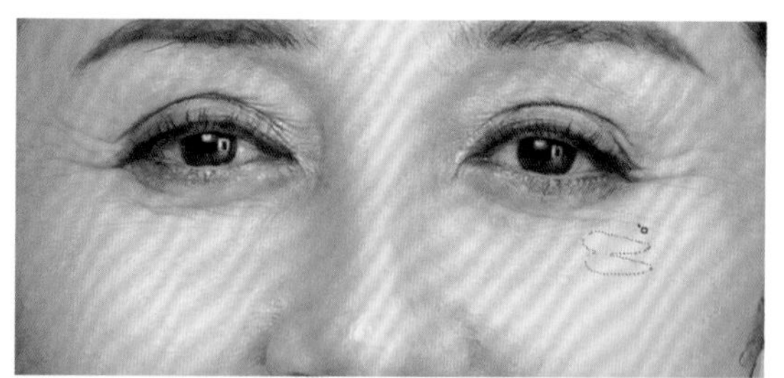

图 2-17

去除部分皱纹前后对比效果如图 2-18 所示。

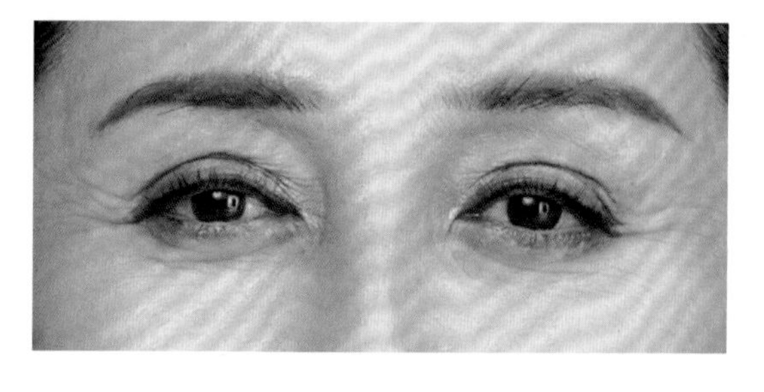

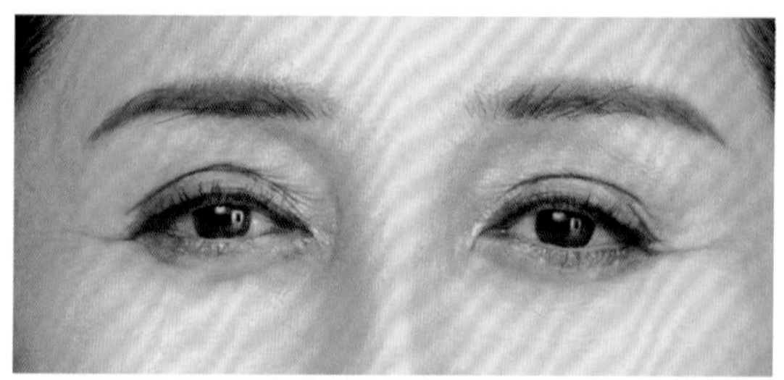

图 2-18

接下来因为左侧眼睛卧蚕处的皱纹被勾掉后无法自然衔接，所以我们先用仿制图章工具轻涂，然后将眼底最重的皱纹勾掉一条，再刷光影。

新建一个图层，将混合模式改为“柔光”，选择“画笔工具”，将前景色设置为黑色，将画笔的“不透明度”设置为 5%，如图 2-19 所示。

沿着卧蚕轻轻地刷出轮廓与光影，如图 2-20 所示。

对比效果如图 2-21 所示。

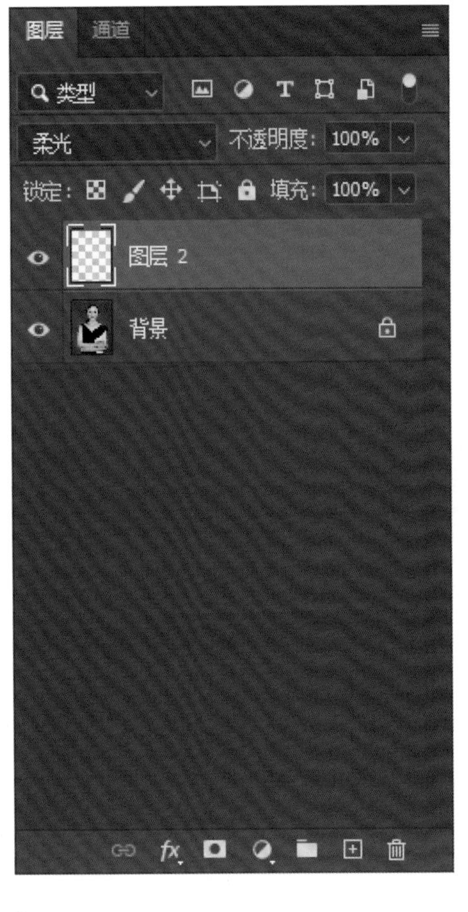

不透明度：5%　流量：100%

图 2-19

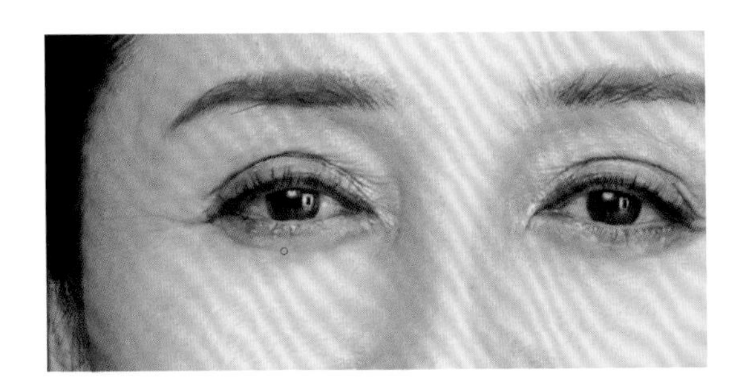

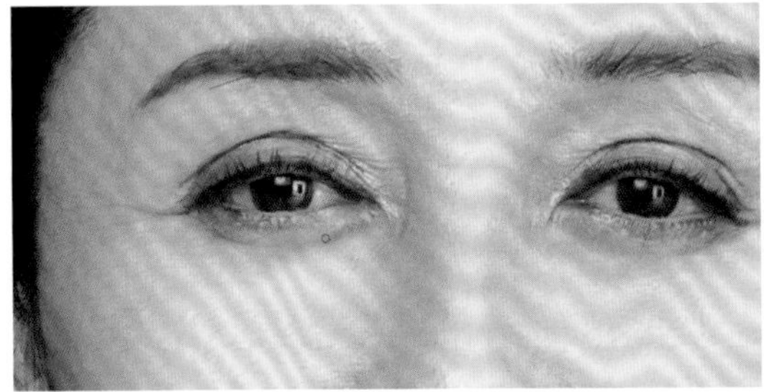

图 2-20

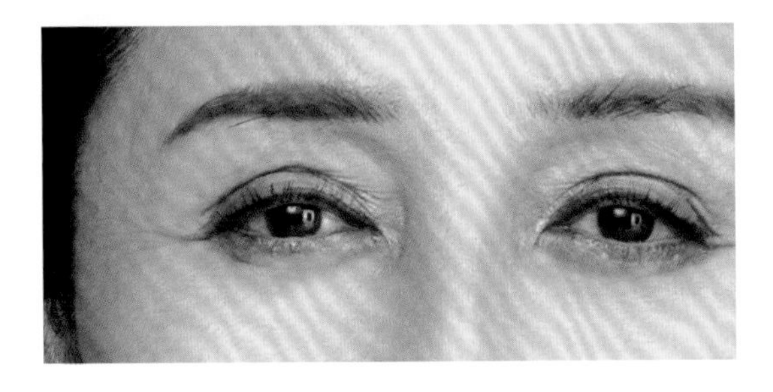

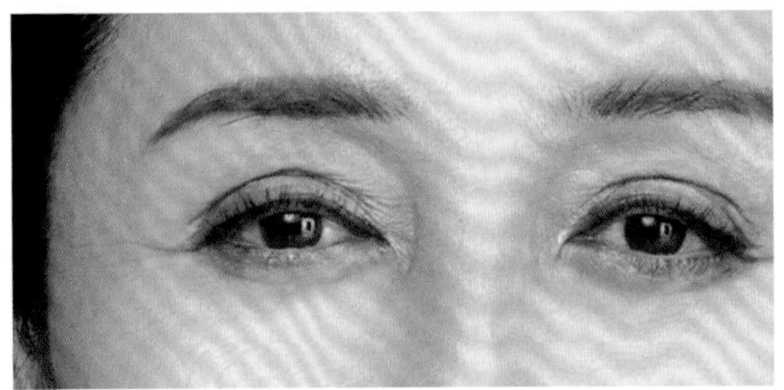

图 2-21

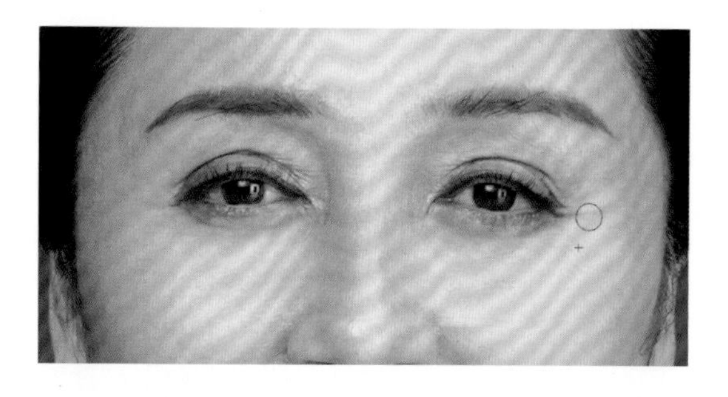

图 2-22

现在剩下的就是眼角较重的鱼尾纹了，对于这样的皱纹，不要直接全部勾掉，而是用仿制图章工具轻轻刷几下，淡化鱼尾纹，在保证人物不失真的情况下还能使人物显得年轻，如图 2-22 所示。

对比效果如图 2-23 所示。

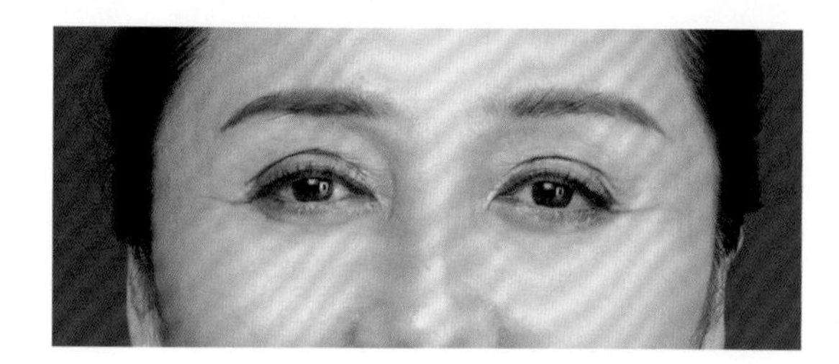

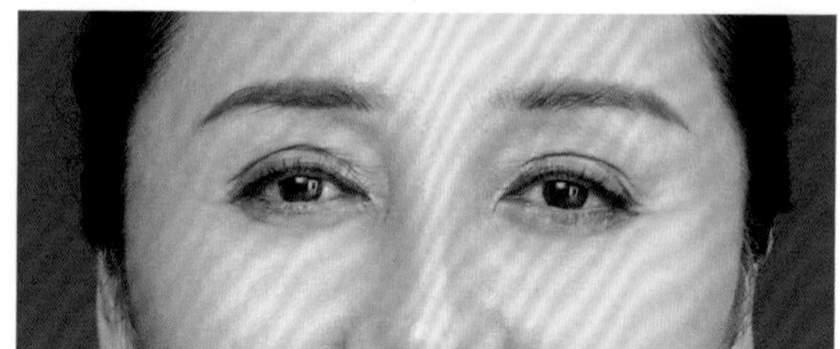

图 2-23

接下来用 Portraiture 进行整体磨皮，如图 2-24 所示。

图 2-24

整体磨皮前后的对比效果如图 2-25 所示。

图 2-25

最后看一下原图与效果图的对比，如图 2-26 所示。

图 2-26

● 2. 案例：去除法令纹

法令纹是从鼻翼延伸而下的两道皱纹。一般修饰年轻的女孩的照片时，直接用“修补工具”勾掉法令纹即可；但如果是修饰成熟的中年女士的照片，如图 2-27 所示，我们就要采取淡化的手段来修饰。

图 2-27

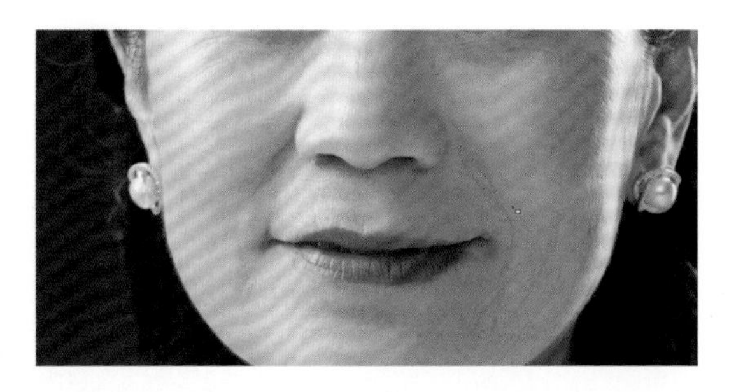

图 2-28

在修饰她的法令纹时，选用“修补工具”将细纹勾掉，但是要留下法令纹原位置的光影，如图 2-28 所示。

对比效果如图 2-29 所示。

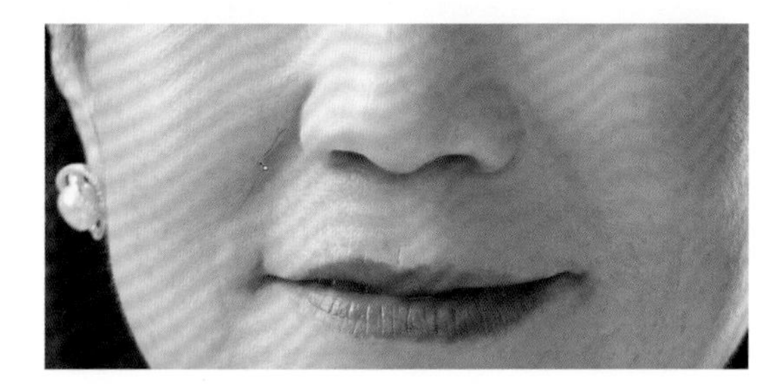

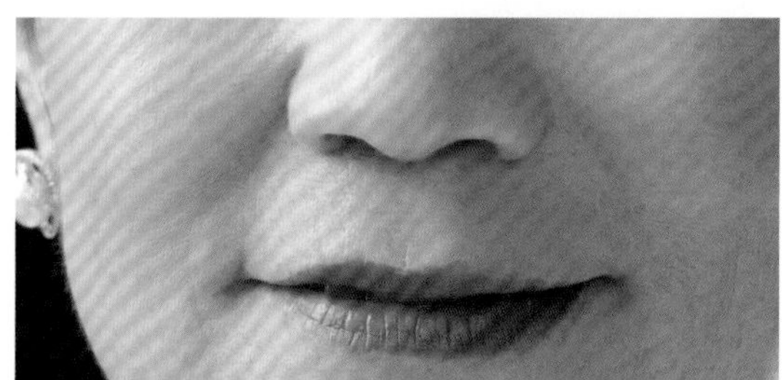

图 2-29

用 Portraiture 进行整体磨皮，再将一些凹凸不平的肌理与细纹勾掉，如图 2-30 所示。

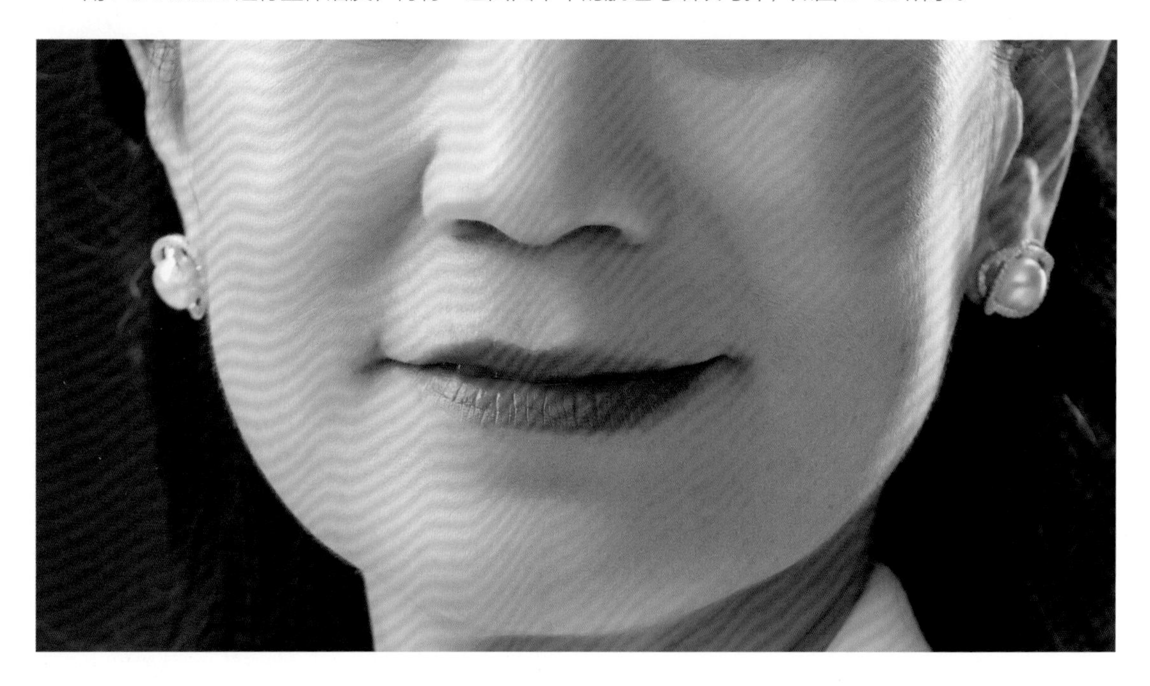

图 2-30

小提示 我们之所以勾掉法令纹却留下原位置的光影，是为了保证人物脸部整体的立体感。必要的时候也可以通过刷光影将法令纹原位置的光影提亮，修出脸部两侧面颊不下垂的效果（展现年轻的视觉效果），后面讲到人像皮肤商业精修法时会为大家详细介绍。

整体对比效果如图 2-31 所示。

图 2-31

3. 案例：去除颈纹

颈纹是人脖子上的皱纹，如图 2-32 所示。在用“修补工具”勾这些颈纹的时候，要特别注意光影的结构。脖子正面有甲状软骨及其他软骨和组织结构，不是一个平面，而是有明暗结构的。我们在修饰时，要尽量地保留脖子原本的立体感。如果因为想要“修干净”而导致脖子被修得过平或光影杂乱，不仅不会使人物显得年轻，反而会让脖子变粗、画面僵硬、不自然、不干净。

如图 2-33 所示，先用“修补工具”将颈纹细致地勾掉。

图 2-32

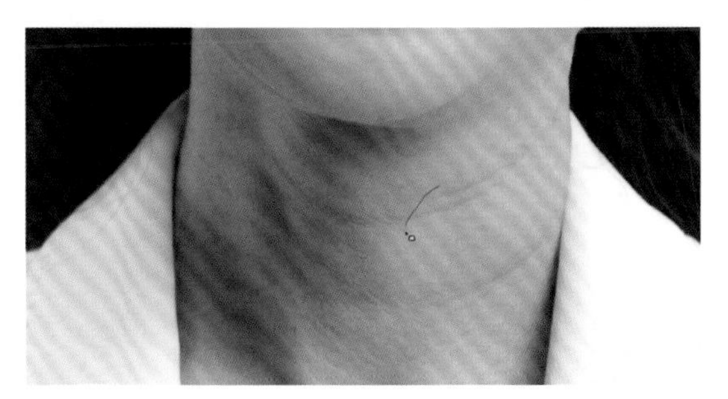
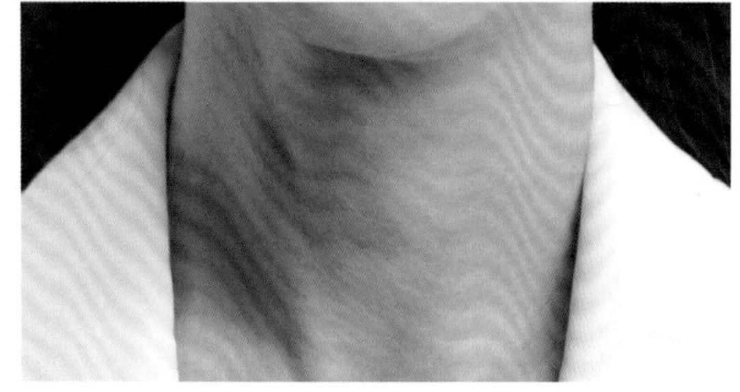

图 2-33

再用 Portraiture 进行整体磨皮，细化一下皮肤，然后选择“仿制图章工具”淡化脖子上的细纹，注意不要将脖子抹得过平，尽量保留脖子原有的光影结构，如图 2-34 所示。

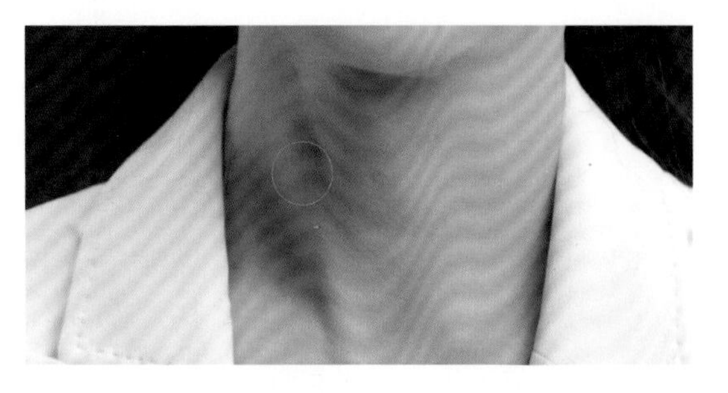

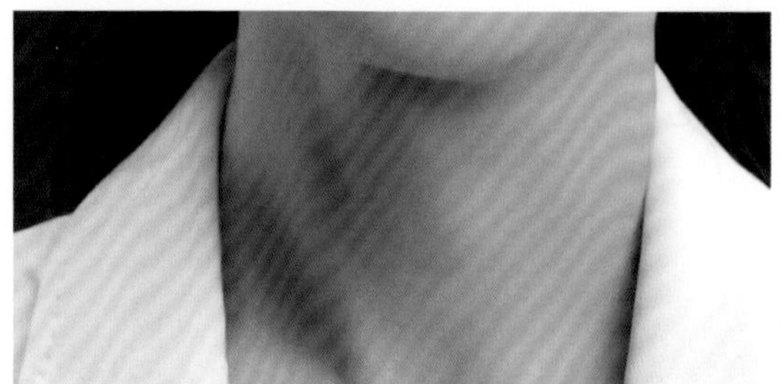

图 2-34

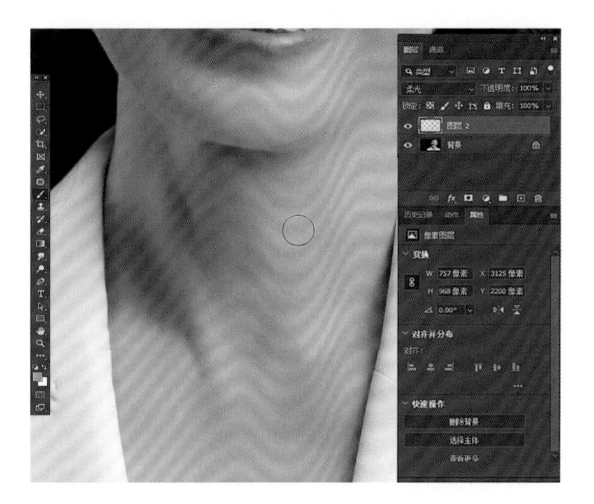

图 2-35

在修饰过程中，即使已经很小心，但还是会抹平一些光影，所以修后脖子看起来变平、变粗了。这个时候新建一个混合模式为“柔光”的图层，用“画笔工具”刷一些光影增加立体感，我们只需要按照原来的结构略微加深或减淡即可，如图 2-35 所示。

最后看一下对比效果，如图 2-36 所示。

图 2-36

2.3 如何初步整体磨皮

2.3.1 认识人物脸部结构

作为人像摄影修图师，认识人物脸部结构是必修课，脸部结构决定着脸部特征，也决定着人物是否能被修得立体自然。当然，学习这部分知识也可以为后面学习“人像皮肤商业精修法”章节做一个重要的铺垫。

先来了解脸部的“凸起”。人类的头骨由多块骨骼组成，它们高低不同地组合在一起，整个头骨就会出现凹凸不平，比如眉弓骨、颧骨、鼻骨这些骨骼都是非常明显的凸起，它们犹如草原上的高山，而太阳升起时，最先照亮的就是这些“高山”，那么高高凸起的地方一定是受光最多、最亮的地方。所以，我们在整体磨皮时，一定要注意不要将这些“高山”磨为“平地”。

只有让“高山”与“平地”的反差体现出来，才能够看到整个脸部的立体感。在整体磨皮过程中，还要注意这些凸起的骨骼整块的结构，它们不是忽然凸起，而是有着像山坡一样的过渡，这些过渡也是在修图时要注意的细节结构，它们决定着修出的图是否立体、自然。我们先来熟悉这些骨骼的结构。

如图 2-37 所示，左图中的眉弓骨、鼻骨、颧骨都属于凸起的骨骼，注意它们不能被磨平，有高就会有低的反差；右图中标注的就是应该暗的地方，注意要与高光影调区域区分开，这样脸部的结构就会很好地呈现出来。

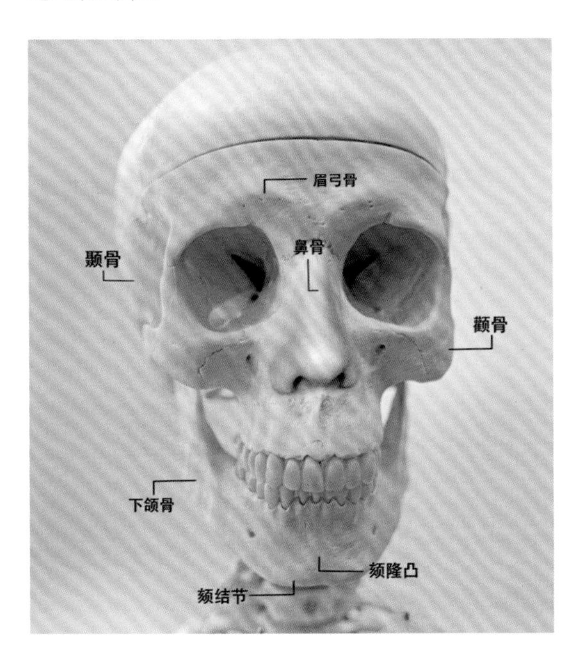

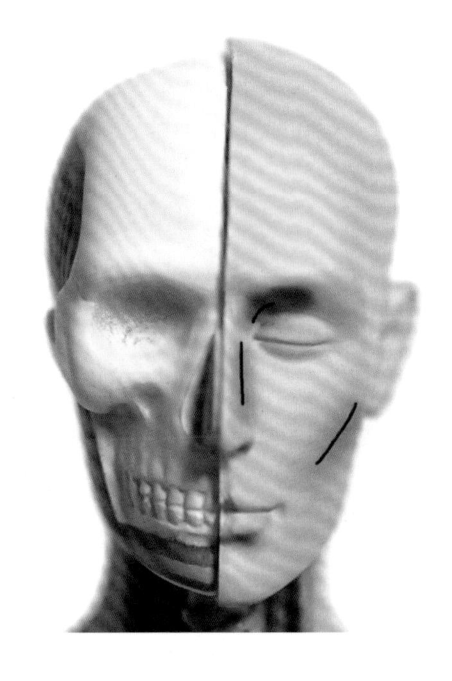

图 2-37

本节主要介绍人物脸部的结构与磨皮软件的应用，后面讲到精修皮肤时会更细致地说明这些结构。

2.3.2 磨皮软件的应用

在熟悉了头骨的结构后，我们就可以开始磨皮了。如果不是对皮肤质感要求极高，可以先用 Portraiture 整体磨一次皮。在前面的章节中介绍过用默认值简单地磨皮，这里我们来详细地认识一下它。

Portraiture 安装好后可以在“滤镜”菜单中找到，如图 2-38 所示。

Portraiture 的界面如图 2-39 所示。

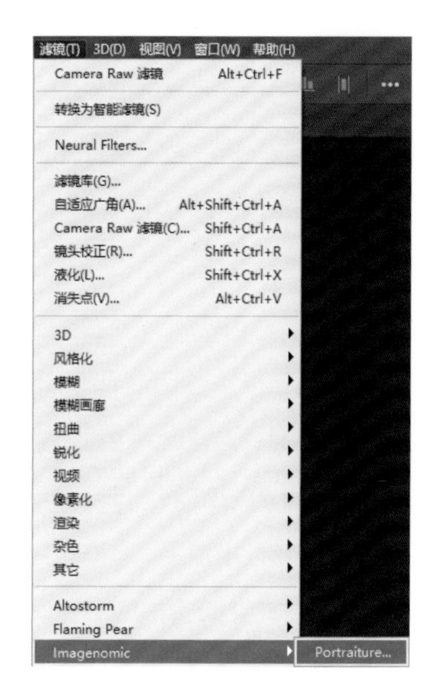

图 2-38

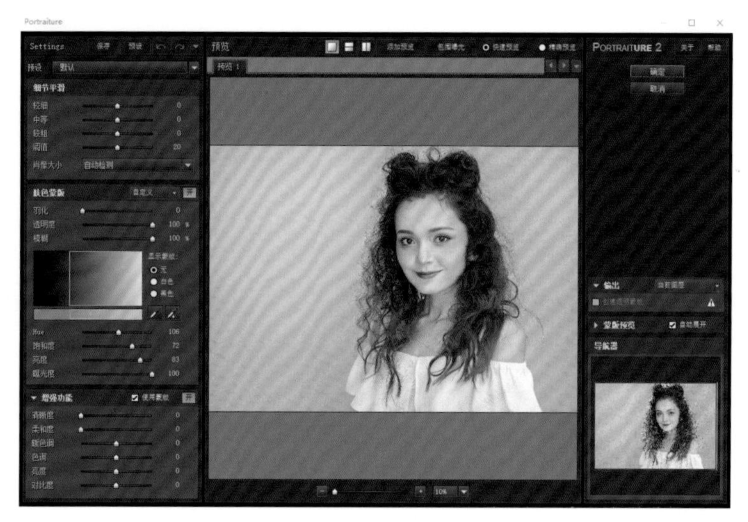

图 2-39

Portraiture 重要的选项都在左侧的操作栏中，包括“细节平滑”“肤色蒙版”“增强功能”三个板块，如图 2-40 所示。

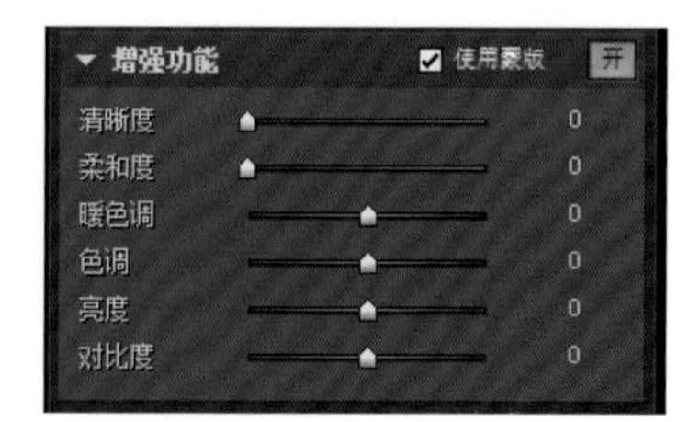

图 2-40

1. 细节平滑

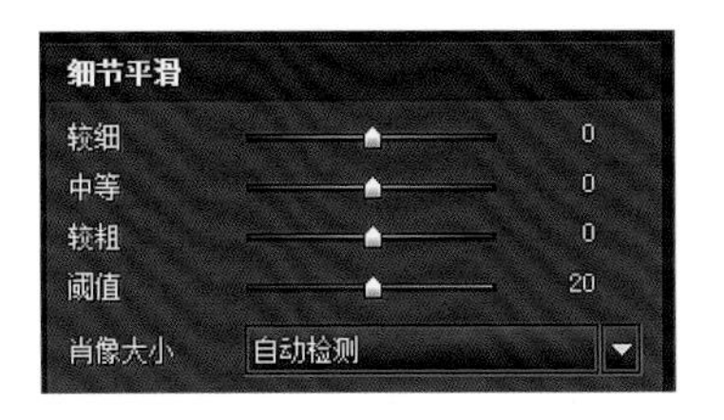

图 2-41

“细节平滑”板块是整个 Portraiture 中最重要的一个板块，主要体现在该板块中的“阈值”选项上。该选项决定着整体磨皮力度的大小，值越大，磨皮力度越大，值越小，磨皮力度越小。其他选项用于设置磨皮的细节，用默认值即可，如图 2-41 所示。

2. 肤色蒙版

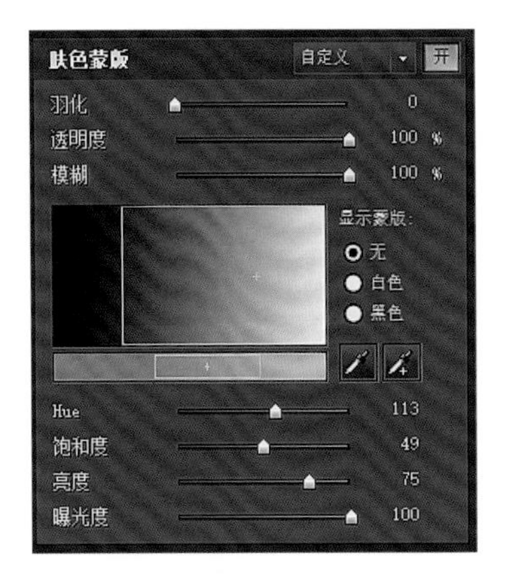

图 2-42

“肤色蒙版”板块主要用于设置被磨皮肤的区域，这个板块中最重要的就是吸管工具，如图 2-42 所示，想要磨哪里的皮肤，就在中间预览区中单击哪里即可。被单击的区域会在右侧的“蒙版预览”板块中显示出来，暗部代表即将磨皮的区域，白色则代表不会被磨皮的区域，如图 2-43 所示。

图 2-43

根据需求可用加选吸管多点选几次，随着吸管的点选，“肤色蒙版”板块中的“Hue”“饱和度”“亮度”“曝光度”的值也会发生变化，它们代表着所选区域的值，只调整这些选项的值也可以选取磨皮的区域，只是用吸管点选更为直观准确，如图 2-44 所示。

图 2-44

一般来说，实操时用默认值即可，如果要用吸管工具选取，只需要看蒙版预览图即可，不必想得太复杂。

3. 增强功能

“增强功能”板块包含“清晰度”“柔和度”“暖色调”“色调”“亮度”“对比度”选项，如图 2-45 所示。

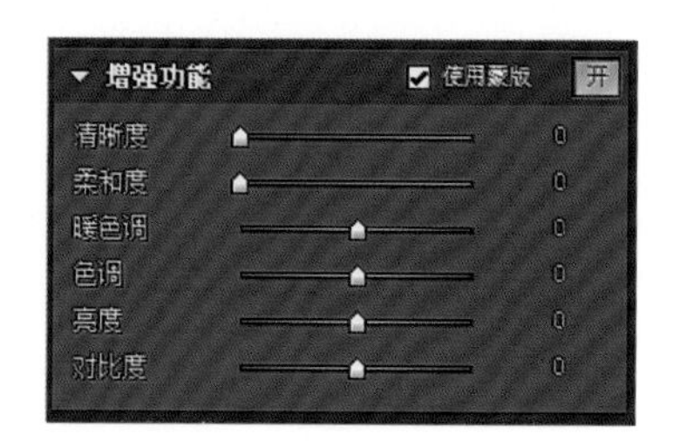

图 2-45

清晰度：锐化画面，使被磨皮的区域变得更清晰，如图 2-46 所示。

图 2-46

柔和度：使被磨皮的区域变得更柔和、朦胧，如图 2-47 所示。

图 2-47

暖色调：正值可以使被磨皮的区域的肤色变得更暖、更艳，类似增加饱和度的效果；负值可以使被磨皮的区域的肤色变得更白皙、低饱和，如图 2-48 所示。

图 2-48

色调：使被磨皮的区域色相发生变化，为正值时偏黄，为负值时偏洋红，如图 2-49 所示。

图 2-49

亮度：使被磨皮的区域影调发生变化，为正值时画面变亮，为负值时画面变暗，如图 2-50 所示。

图 2-50

对比度：使被磨皮的区域对比度发生变化，如图 2-51 所示。

图 2-51

小提示 随着版本升级，板块的位置可能会发生一些变化，请各位读者使用时注意观察。

使用 Portraiture 时，我们可以依据需要进行设置，一般笔者直接使用默认值，因为在后面调色的步骤中会使用专门的调色插件。当然如果我们又需要进行粗修，不准备仔细调色，也可以在 Portraiture 里略微调整色彩和明度。

2.3.3 用加深与减淡工具刷光影

“加深工具”和“减淡工具”是用来调暗或调亮画面的，如图 2-52 所示。之所以把它们安排到这一节介绍，是因为我们可以用它们来塑造人物脸部的光影和立体感。

图 2-52

● 1. 用减淡工具刷亮部

选择“减淡工具”后，将上方属性栏中的“范围”设置为“中间调”，“曝光度”设置为 5%~10%，这里设置为 5%，如图 2-53 所示。

图 2-53

在人物鼻骨的位置轻轻刷几下，提亮鼻骨。注意笔势要直，不然容易产生鼻子歪或塌鼻梁的视觉效果。我们之所以刷亮鼻骨，是为了使鼻子更加挺直、端正，让人物脸部更加立体，如图 2-54 所示。

来看一下对比效果，如图 2-55 所示。

图 2-54

图 2-55

2. 用“加深工具”刷暗部

选择“加深工具”后，将上方属性栏中的“范围”设置为“中间调”，“曝光度”设置为 5%~10%，这里设置为 5%，如图 2-56 所示。

图 2-56

将眼窝位置刷暗，这样做的目的是利用明暗的反差使眉骨显得更高，眼睛更深邃，脸部更立体。在刷的过程中也可以略微向下方鼻梁两侧延伸，这样也会使鼻子更加挺拔，如图 2-57 所示。注意刷眼窝位置要有过渡，不然很容易刷成“熊猫眼”。

图 2-57

来看一下对比效果，如图 2-58 所示。

图 2-58

最后来看一下原图与最终效果图的对比，如图 2-59 所示。

图 2-59

本章主要对人物的初修进行了详细的介绍，留几个问题给大家课后思考，便于更好地吸收本章的内容。

课后思考

1. 对于对比度大、色彩浓郁的照片，在用“修补工具”去除痘痘时应当注意什么才不会修花？
2. 利用“高反差保留”强调质感时，应根据什么来判断力度的大小？
3. 用“仿制图章工具”修大面积碎发时，以什么手法修会显得比较自然？
4. 在给较为成熟的人物修鱼尾纹时，应去除什么样的纹，淡化什么样的纹？
5. 为了保留人物脸部的立体感，刷光影时应如何判断明暗位置？

第3章

修图提升：人像摄影后期脸部与身体塑形

3.1 人物脸部塑形

3.1.1 案例：人物脸部的基本塑形

人像摄影后期的“调”与“修”中，修的部分除了修肤，还有一项很重要的工作就是塑形。塑形常用的方法是“液化”，在液化的过程中我们可以调整人物整体的胖瘦、高矮等，使人物的脸部与形体更加完美地呈现出来。

人物在上镜时因拍摄角度或其他因素，脸部结构可能需要微调，在调整的过程中，要注意人物本身的脸部特征，不要为了“完美”而修出像工厂批量生产的芭比娃娃似的一个模子刻出来的人物。

如图 3-1 所示，在调整前我们先观察分析人物的特点与优缺点。

图 3-1

修图要点

1. 图中的人物是一个长相清秀的女孩子，在调整的时候要注意脸部线条不要过硬，尽量突出人物的柔和感。

2. 因为姿势与光影的影响，人物眼睛大小有差别，需要修正。

3. 人物下巴略宽，两侧脸颊不对称，为了更好地突出女孩子的清秀精致，可以适当将它们收缩一些。

下面我们就来看一下具体操作。

如图 3-2 所示，在“滤镜”菜单下找到“液化”命令，然后进入液化界面。

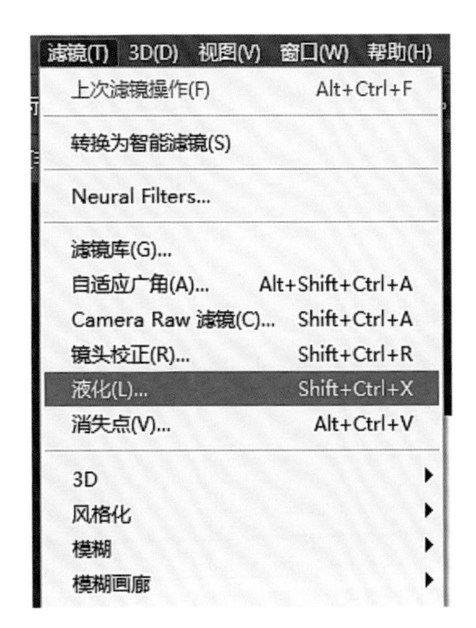

图 3-2

在“液化”界面中先选择“向前变形工具”，然后在右侧“属性”面板的“画笔工具选项”中设置画笔的“大小”等属性，一般调整较多的属性就是“大小”，其快捷键是“[”（缩小）和“]”（放大）（快捷键需要在英文输入状态下使用），液化不同的部位要根据具体情况变换画笔大小，如图 3-3 所示。

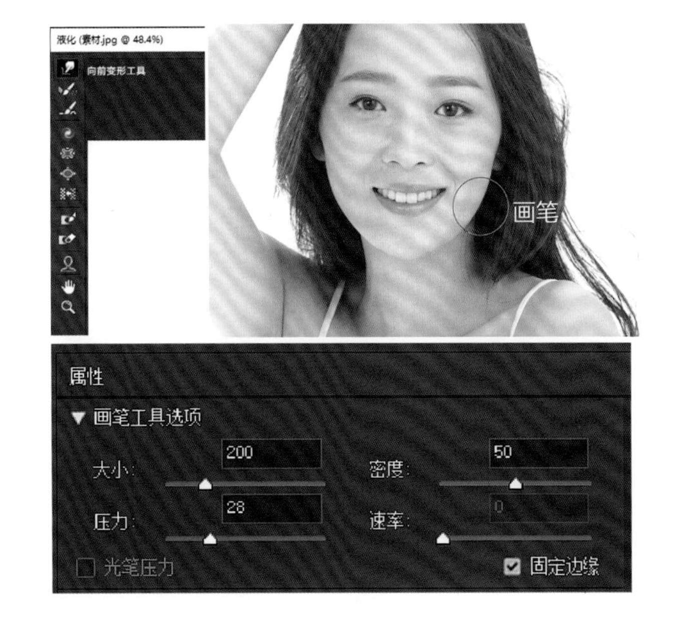

图 3-3

在中间操作区中，先将人物的脸颊与下巴略微收缩，在操作的过程中注意画笔的大小不要过大，能够覆盖要修的区域即可，否则容易使不想修的区域跟着变形；画笔的大小也不要过小，因为画笔过小无法覆盖要液化的区域，需要操作几次才能完成，这样容易导致衔接不自然，边缘也会因反复推拉而变薄。

无须把人物放得过大，缩放至适当大小即可，尽量看到整体结构。

将右侧脸颊斜着向上、向内推，推的过程中手不要抖。注意，之所以斜着向上、向内推，一是为了使脸部线条更自然，二是为了修出肌肉不下垂的视觉效果，如图 3-4 所示。

图 3-4

对左侧脸颊也进行同样的操作，推的过程中注意嘴巴或邻近的地方不要变形，尽量保证在原有的结构基础上使人物更美，如图 3-5 所示。

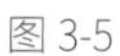

图 3-5

将下巴向上推，因为两侧脸颊在被收瘦的同时下巴会显得又长又宽，所以在推下巴的时候不要把下巴推平，而是略微向上提一下，如图 3-6 所示。

图 3-6

最后再进行适当的细微修整，对比如图 3-7 所示。

图 3-7

基础塑形完毕后，再选择工具栏中的“脸部工具”，对人物的眼睛及脸部细微结构进行调整。

选择“脸部工具”，在人物脸上单击一下，如图 3-8 所示。

图 3-8

在右侧属性栏中根据人物特征，略微调整“脸部宽度”和“下颌”，修正大小眼，如图 3-9 所示。

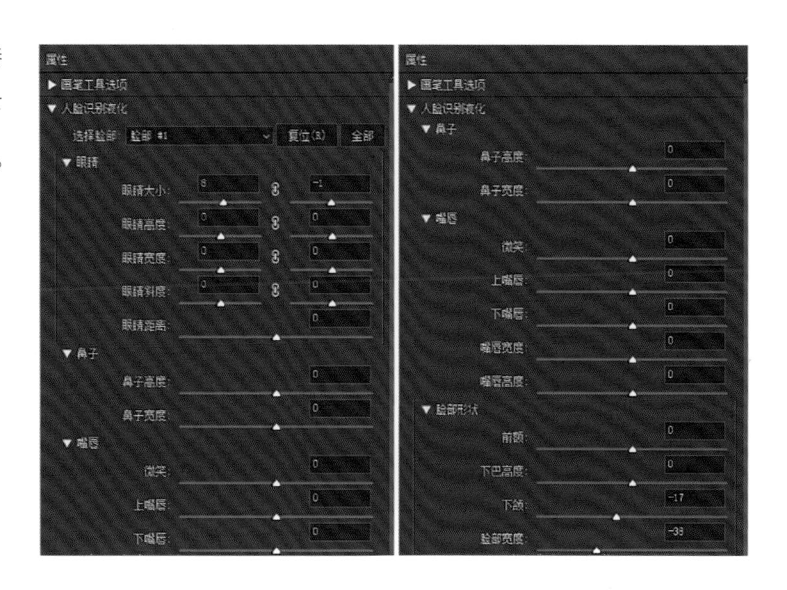

图 3-9

看一下对比效果，如图 3-10 所示。

图 3-10

总结

在液化时注意不要为了方便直接用“脸部工具”，该工具只能进行等比缩放调整，无法帮助我们完成塑形。要先用“向前变形工具”塑形，然后再用“脸部工具”调整细节。调整细节的过程中根据人物的具体特征来调整五官，无须对所有的选项进行调整。液化的目的是使人物自然且美丽，除非有一些特殊的要求，否则不建议大家做出过于夸张的改动。

原图与最终效果对比如图 3-11 所示。

图 3-11

操作难点

1. 向内推时略微斜着向上，控制好力度。

2. 注意观察原始照片中人物的脸型，因为人的长相不同，所以在液化前一定要观察原始人物脸型的特征，放大优点、减少缺点，但还要符合本人的相貌。

3. 要掌握好画笔大小，调整大小后可以先试一下，然后再操作，不要在同一个地方反复推。

3.1.2 案例：肥胖人物的脸部塑形

随着社会的发展，人们的生活水平越来越好，肥胖的人也越来越多。虽然美丽是多种多样的，但是人们对于美的追求还是“有形”。接下来讲解肥胖的人物脸部应如何塑形。

先来看一下原图与分析，如图 3-12 所示。

图 3-12

首先分析人物的优缺点，图中的模特是一位阳光可爱的女孩，不必将她修得过瘦，应保留她可爱的气质。记住，我们的目的是塑形，而不是单纯追求“瘦美”。

修图要点

1. 一般比较胖的人脸部比较圆润，就会出现脸宽的视觉效果，我们只需通过液化将脸部面积缩小，再利用光影塑形。

2. 双下巴需要修掉。

3. 因为脂肪是遍布全身的，所以鼻子上的肉也会相对比较厚，需要将鼻子修得小巧一些。

4. 当脸部的面积变小，五官就会随之变大，因此嘴巴和眼睛也需要略微调整。

下面介绍详细操作。

先对双下巴进行修饰，然后再整体塑形。用“修补工具”将双下巴上方轮廓线勾掉。图中人物之所以看起来有双下巴，就是因为下巴位置有两条轮廓线，只要勾掉一条即可。这样处理的缺点是下巴会显得很厚，如图 3-13 所示，后面还会继续调整。

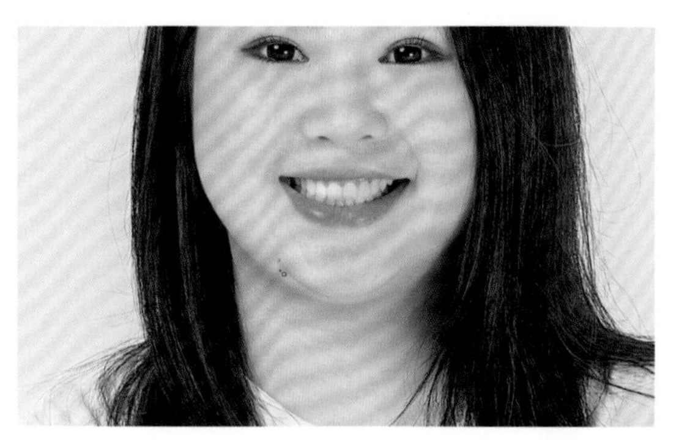

图 3-13

来到“液化”界面进行脸部整体塑形。用“向前变形工具”先从脸颊和下巴开始向内收，然后向上依次将颧骨、太阳穴边缘向内收。因为图中的人物脸部较圆，脸部下方改动较大，所以为了使脸部比例自然，脸部上方也要进行一些改动。注意，在操作的过程中一定要保留脸部本来的轮廓，不要把脸部液化得太圆，更不要液化出直角。尽量将脸部在原有的基础上缩小一圈，然后修整瑕疵。过程中随时变换画笔的大小，先用大画笔整体收缩，然后用小画笔调整细节。

为了使大家看得更清楚，下面将调整过程分解展示。图中标有数字的位置就是液化的位置，如图 3-14 所示。

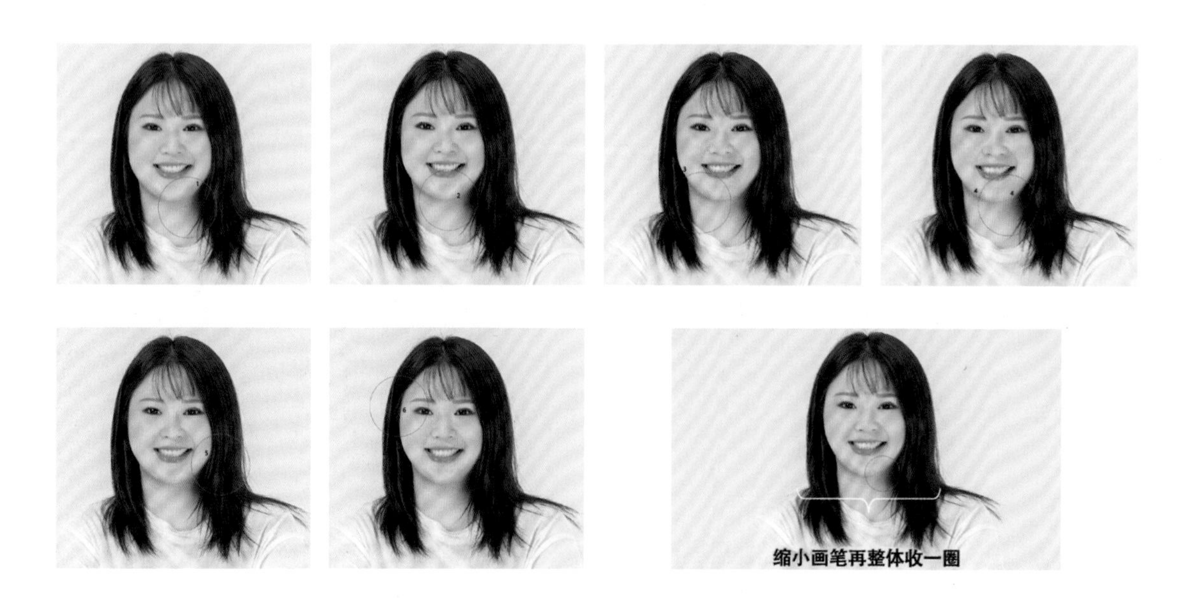

图 3-14

来看一下对比效果，如图 3-15 所示。

图 3-15

选择“脸部工具”，依次对脸部宽度、下颌、下巴高度、嘴唇宽度、鼻子宽度及眼睛大小进行调整，如图 3-16 所示。

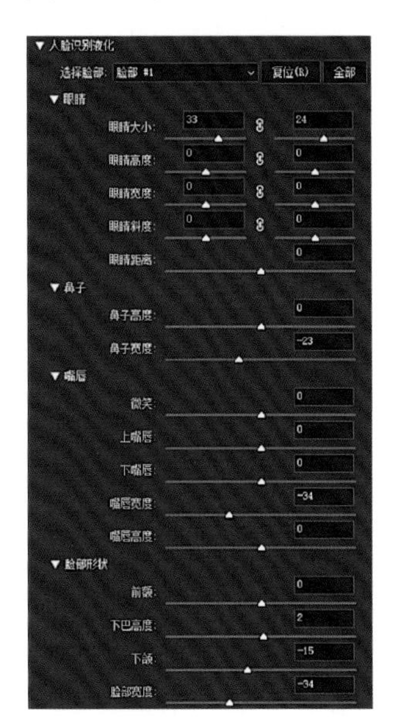

图 3-16

液化完成后回到 Photoshop 主界面中，新建一个图层，将混合模式改为“柔光”，如图 3-17 所示。用前面讲过的刷光影的方法（加深或减淡）刷出人物脸部的立体感。

图 3-17

为了使下巴看起来不那么厚，按快捷键 Ctrl+Shift+Alt+E 盖印一层（盖印是指将所有可见图层效果整合到一个新图层中，新图层位于所有图层上方）。用“套索工具”先为下巴的轮廓画一个选区，按快捷键 Ctrl+J 复制一层并隐藏备用，如图 3-18 所示。

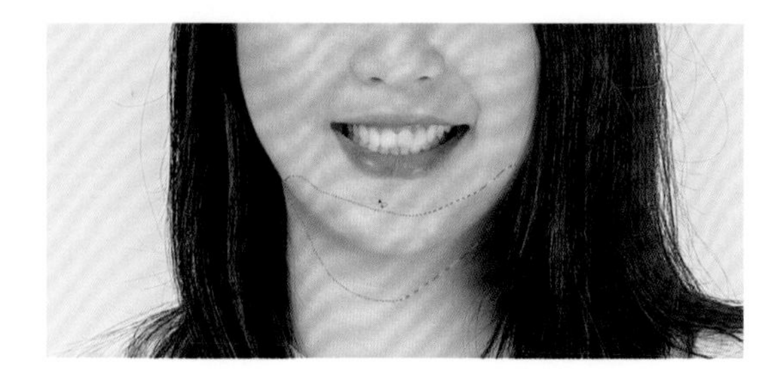

图 3-18

回到盖印层，用“修补工具”将下巴的整体轮廓及阴影全部勾掉，按快捷键 Ctrl+D 取消选区，然后打开刚才隐藏备用的轮廓层，降低不透明度，这样会使下巴变得比较精致，如图 3-19 所示。

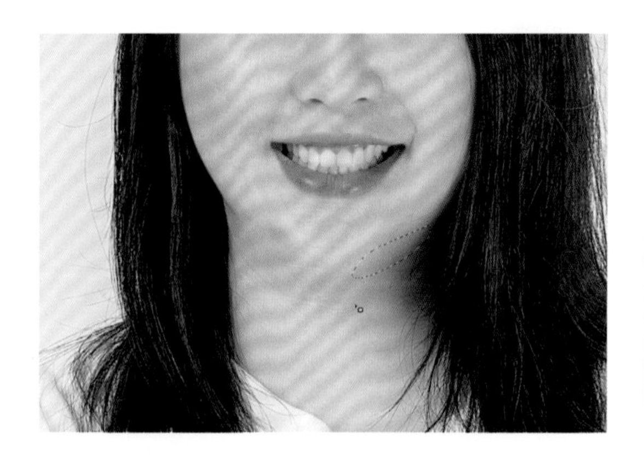

图 3-19

不要害怕皮肤光影与色彩被破坏，也就是俗称的“花”，大胆用“修补工具”调整，前面复制的下巴轮廓层会遮盖掉这些问题。

看一下对比效果，如图 3-20 所示。

图 3-20

使用 Portraiture 磨皮，通过液化略微塑形，再复制一层，使用“高反差保留”加强质感。让我们来看一下最终效果对比，如图 3-21 所示。

图 3-21

总结

1. 液化脸部比较圆润的人物时，要注意脸部整体比例，不能只调整脸部下方。

2. 脸部被收缩的同时要注意五官的大小，脸部的面积变小了，五官自然会显得大，要把过大的五官缩小。

3. 修饰略胖的人物时，脸部双下巴的轮廓要调整好。在勾掉多余轮廓线的同时，下巴的阴影不要过重，一定要修得精致有形。

3.2 人像身体塑形

3.2.1 案例：人物身体的基本塑形

身体的塑形和脸部的塑形同样重要，甚至更为重要。因为人的身体所占的比例远远大于脸部，并且身材对于人物气质的体现也起到了非常重要的作用。

原图与分析如图 3-22 所示。

图 3-22

照片中模态身材姣好，但受光影、拍摄角度等因素影响，导致身材出现局部瑕疵，需要进行调整。我们先从上半身开始调整，如图 3-23 所示。

上臂线条过圆

图 3-23

修图要点

1. 漂亮的手臂线条应该是流畅的，且比例适中。但因为动作影响，模特的上臂轮廓线过于圆润，视觉上会给人一种胖、比例失调的感觉。

2. 不要将上臂中间修得过瘦，否则会使比例失调。

3. 不要将上臂线条修得过直，否则会使手臂非常不自然。

下面我们来看一下具体操作。

选择“向前变形工具”，将画笔大小调整到与上臂长度相同，如图 3-24 所示。

图 3-24

按住鼠标左键（或用压感笔）轻轻向内推，在推的过程中尽量不要反复操作，尽量一次成形，否则容易导致阴影因反复操作而变薄，从而失去立体感，如图 3-25 所示。

图 3-25

将上臂中部推好后，下部会有一处凸起，为了使比例协调，将该处也向内推，如图 3-26 所示。

图 3-26

对衣服的轮廓略做调整，如肘部位置有些凹陷，整个袖子太粗，调整后效果如图 3-27 所示。注意，画笔的大小要根据调整的位置进行变换，而不是固定大小，液化其他位置也是同理。

图 3-27

腰部是体现女性曲线美的重要部位之一，如图 3-28 所示。

图 3-28

修图要点

将模特的腰部两侧略微向内收，腰部上方与臀部自然会突出，产生曲线美。因模特的动作略微顶胯，所以在收腰的时候要注意左右两侧线条与幅度大小应不同。

下面我们来看一下具体操作手法。

收右侧腰部时，画笔要斜着向内、向上推，这样既能缩小腰围，又可以使线条自然、流畅，如图 3-29 所示。

下方的臀部也要向内收一些，因为腰围变小会显得腰臀比例不协调，如图 3-30 所示。

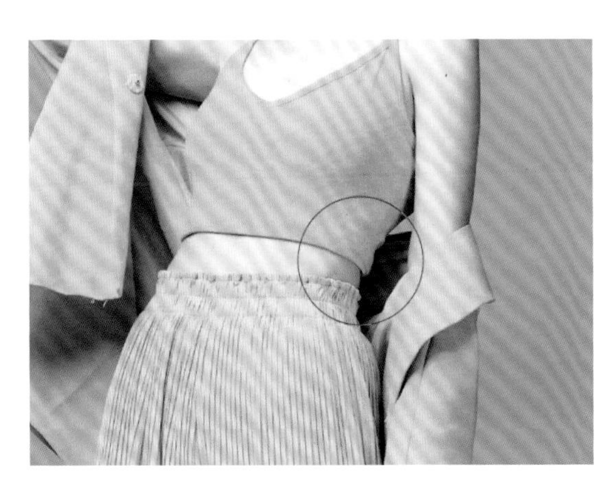

图 3-29

图 3-30

收左侧腰部时，力度要比收右侧时小一些，不要改变顶胯的动作，如图 3-31 所示。

将髋部也略收一些，调整裙裤整体线条，如图 3-32 所示。

图 3-31

图 3-32

我们来看一下效果对比，如图 3-33 所示。

图 3-33

3.2.2 案例：肥胖人物的身体塑形

修饰身材肥胖的人物时，不能只单纯地将其修瘦，同时还要进行塑形。塑形的过程中要注意身体的结构，不仅要将赘肉修掉，身体线条也要修得舒服自然。

先来看照片分析，如图 3-34 所示。

图 3-34

一般在液化前需要先对人物特征进行分析，在充分了解其特征后就可以进行操作了。

进入“液化”界面，由于调整幅度较大，先在右侧“属性”面板中将“向前变形工具”的画笔压力调大；“大小”值不固定，根据需要随时调整；“压力”值一般是根据液化面积大小来决定的，面积越大值就越大，如图 3-35 所示。

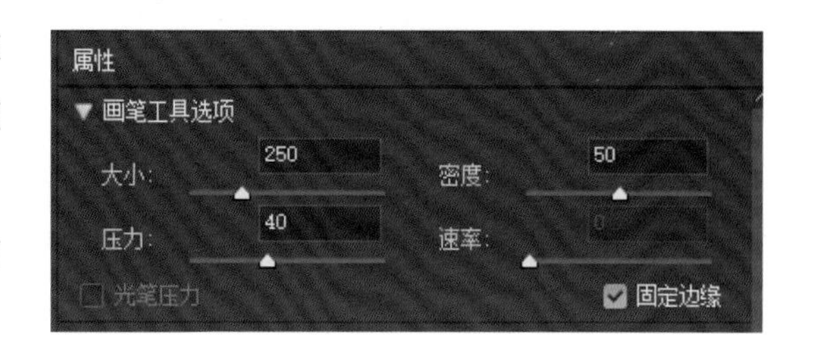

图 3-35

对于肥胖的人，首先液化整体躯干。先把面积最大的部分调整好，细节就比较好处理了。先将画笔大小调整至与躯干整体长度大致相同，如图 3-36 所示。

调整好画笔大小与压力后，将躯干右侧轻轻向内推，可以细致地分为两步，收出大概的腰部曲线，如图 3-37 所示。

将躯干左侧也向内推，不要担心手臂会变形，后续还会进行细节调整，如图 3-38 所示。

图 3-36　　图 3-37　　图 3-38

略向内收肩膀与臀部，注意在收肩膀的时候不要收成“溜肩”，如图 3-39 所示。

将双腿向内收，注意大腿与小腿的比例和结构，我们的目的是塑形，不是单纯地追求瘦，如图 3-40、图 3-41 所示。

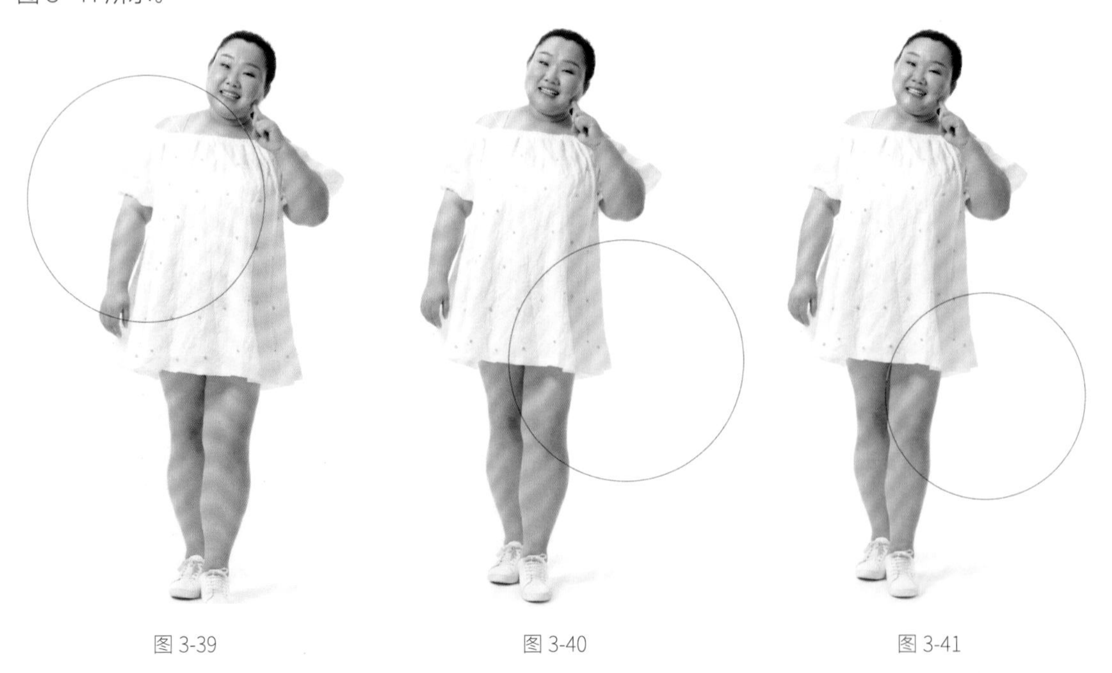

图 3-39　　图 3-40　　图 3-41

整体塑形完成后，缩小画笔，放大照片处理细节，包括手臂、手部、肘部、膝盖内侧、肩膀、裙子等，如图 3-42 所示。

图 3-42

看一下效果对比，如图 3-43 所示。

按快捷键 Ctrl+J 复制一层，选择“矩形选框工具”，从腰部到脚底画一个选区，然后按快捷键 Ctrl+T 自由变换，拉长人物的腰和腿，按 Enter 键确认，然后按快捷键 Ctrl+D 取消选区，注意不要拉变形，如图 3-44 所示。

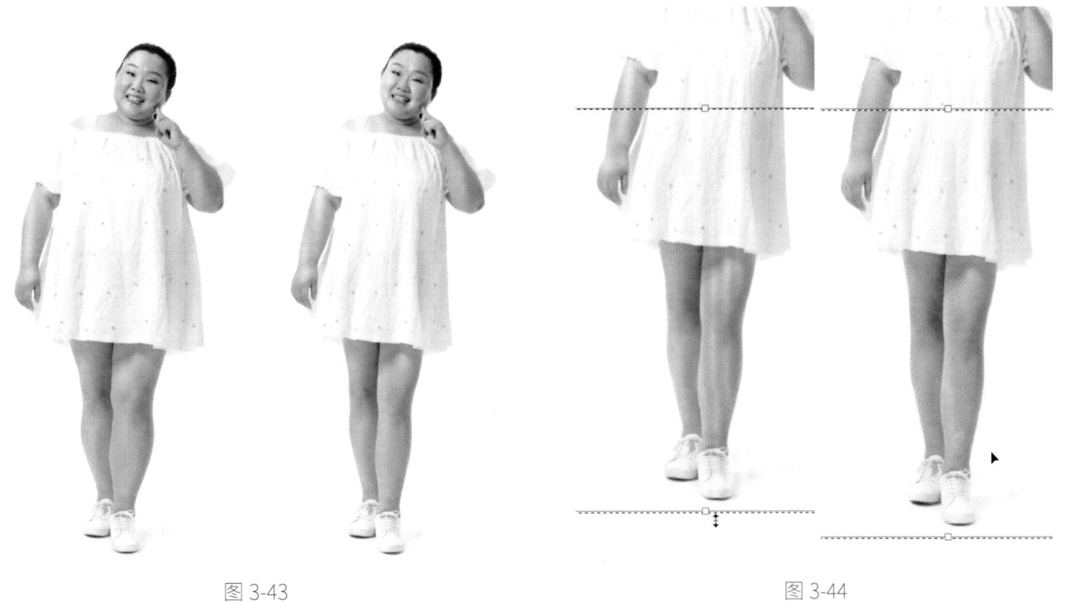

图 3-43　　图 3-44

将腿部再拉长一些，同样注意不要拉变形，尤其是膝盖和脚，如图 3-45 所示。

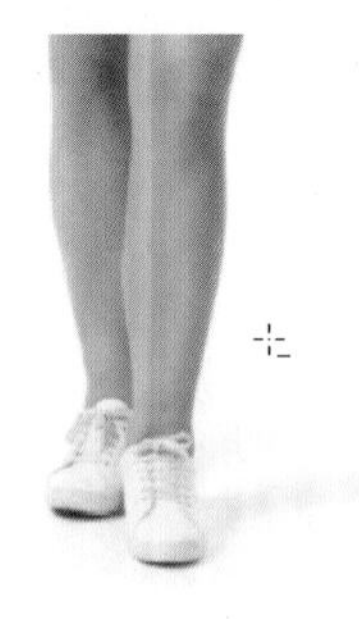 

图 3-45

看一下原图与效果图对比，如图 3-46 所示。

图 3-46

课后思考

1. 液化时怎样将手臂线条处理得比较好看?
2. 为什么衣服的线条也要进行液化?
3. 为肥胖的人物塑形时，应当从哪里开始?
4. 通过液化处理细节时是否要更改画笔的大小与压力?
5. 对腿部的塑形除了液化，还有什么操作方法?

第4章

专业呈现：人像摄影后期调色与皮肤精修

4.1 调色与色彩还原

4.1.1 色彩平衡与色彩还原

1. 基本概念

“色彩平衡”是一个用途十分广泛的调色工具，它既可以调整偏色，又可以为照片定基础色调。其工作原理是以照片光影的角度（阴影、中间调、高光）为切入点，对照片进行调色。该工具的菜单路径是“图像 > 调整 > 色彩平衡”，快捷键是 Ctrl+B。

色彩还原大致可以理解为将照片的光影与色彩还原到正常状态下的样子，即色彩不偏色，该红的地方红，该绿的地方绿，光影曝光正常。下面我们以一张水下照片为例，利用“色彩平衡”对其色彩进行还原。

2. 案例：通过色彩平衡还原水下照片色彩

先来分析照片，水下照片中环境色映射到人物身上格外重，产生一种照片不透、水有些浑浊的视觉效果，如图 4-1 所示。虽然有的水下摄影为了追求真实感，会刻意将画面中水的朦胧感突显出来，但是照片本身一定是干净且朦胧柔和的。所以要先将水调透，然后将人物肤色调好。

按快捷键 Ctrl+B 打开“色彩平衡”对话框，该对话框中间分别是三原色和它们的补色，下方的“阴影”“中间调”“高光”就是影调的黑、白、灰，如图 4-2 所示。

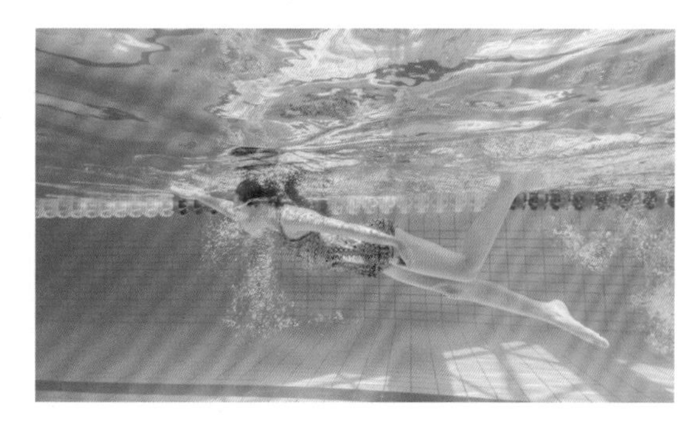

图 4-1

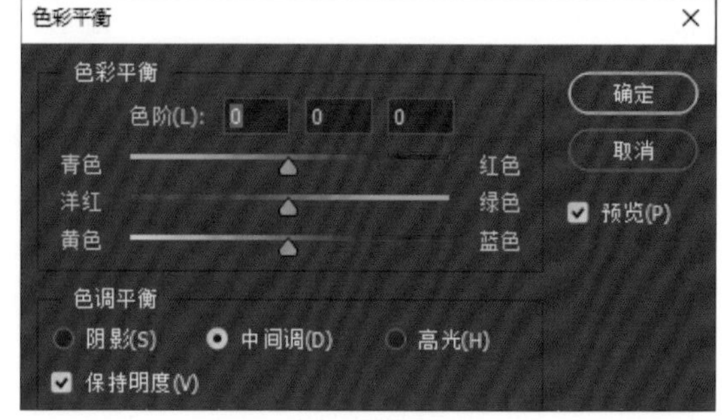

图 4-2

将“色彩平衡”对话框放在照片附近，便于我们随时观察照片色彩的变化，从而进行准确的调整，如图 4-3 所示。

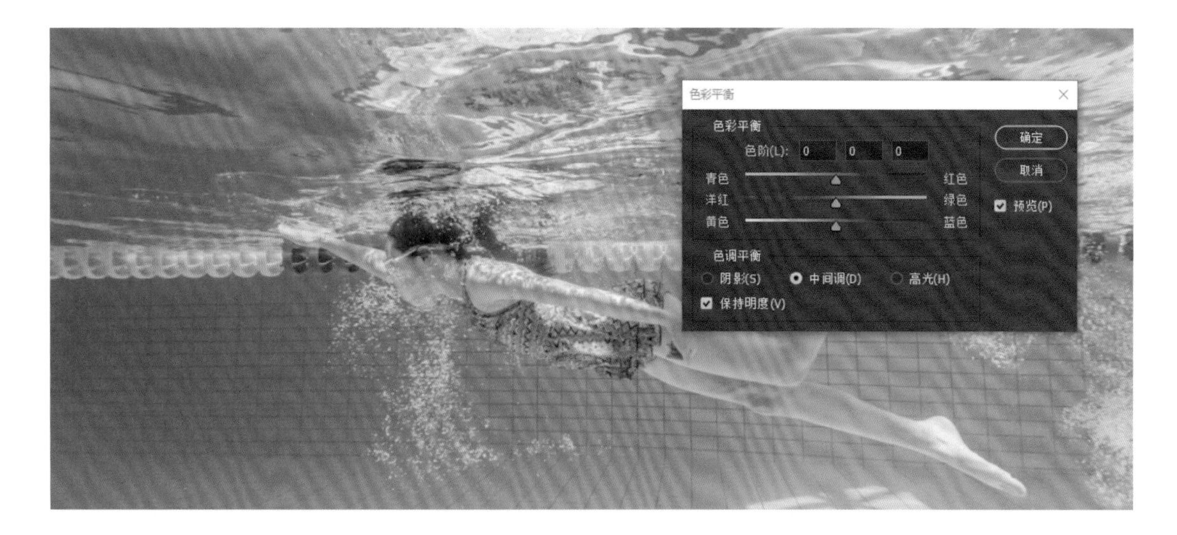

图 4-3

先选择“中间调”加红色，让水更透，人物更暖。水的主色调是青蓝色，加了红色后，青色就会被弱化，因为青色和红色互为补色，而蓝色则会偏洋红，这是三原色叠加的效果。

画面中水偏洋红的效果不是特别明显，反而深蓝色略偏紫，因为水的色彩不是单一的某个颜色，而是由多个冷色的过渡色组成，光影的分布也不是单一的。所以这样操作既能使水更透，又能还原人物的暖色调，如图 4-4 所示。

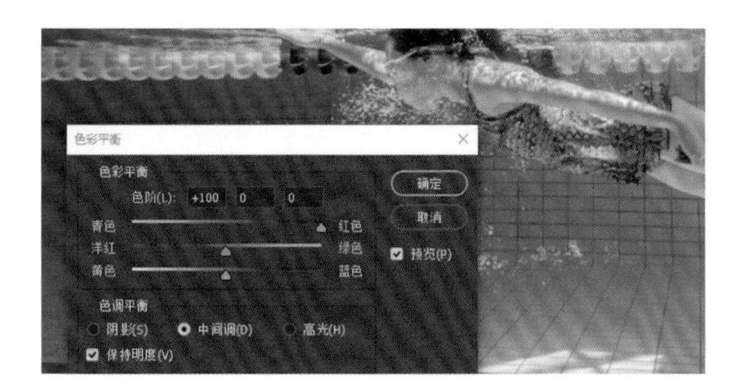

图 4-4

为了使人物肤色不是闷红色，可以再加一些黄色，这样人物肤色会更透亮，水底也会有照进了更多阳光的感觉。因为蓝色和黄色互为补色，所以水会变亮，如图 4-5 所示。

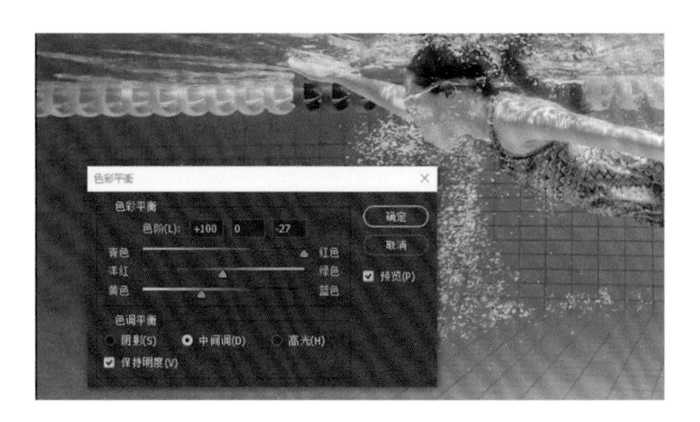

图 4-5

选择“高光”影调，分别加一些红色、黄色，使画面更加通透。高光影调在画面中主要体现在水面的水波与水底光和人物身上，这样操作高光影调区域自然会更透、亮、暖，同时画面的层次感也会提升。

再选择“阴影”影调，加一些洋红色，阴影影调区域色彩更暖、更厚重，以达到去灰的效果，如图 4-6 所示。

图 4-6

来看一下最终效果，如图 4-7 所示。

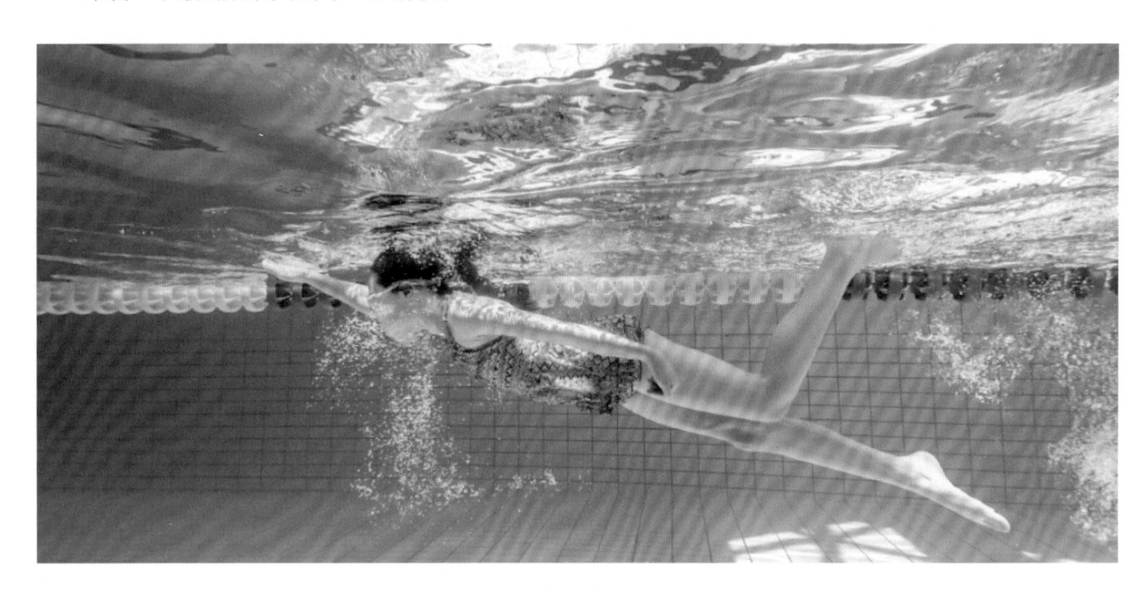

图 4-7

最终效果与原图的对比如图 4-8 所示。

图 4-8

4.1.2 色阶与色彩还原

"色阶"工具是 Photoshop 调色工具中非常常用的一个工具，它既可以调光影，也可以调颜色。它的菜单路径是"图像 > 调整 > 色阶"，快捷键是 Ctrl+L。

1."色阶"对话框

首先，我们来了解一下"色阶"对话框，如图 4-9 所示。

预设：该命令是 Photoshop 自带的调整效果，可直接使用，但因不同照片的光影和色彩不同，不能实现所有照片通用，如图 4-10 所示。

自动：该命令是用来自动调整画面色阶的，同理，因照片光影和色彩不同无法通用于所有照片，如图 4-11 所示。

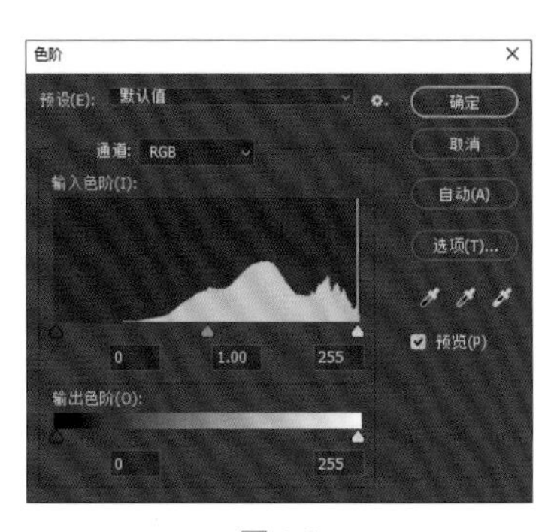

图 4-9

图 4-10

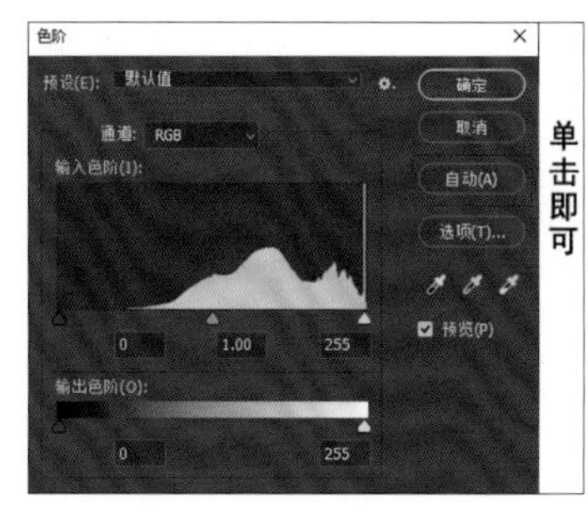

图 4-11

选项：该命令可以自动校正光影和色彩，同理，因照片光影和色彩不同无法通用于所有照片，如图 4-12 所示。

黑场、灰场、白场：从左至右有三个吸管，用黑场吸管单击画面中最暗的区域，灰场吸管单击画面中的中间调区域，白场吸管单击画面中最亮的区域，便可以调整画面的光影和色彩。

通道：该命令用于选择要调整的通道，如图 4-13 所示。

输入色阶：该命令用于调整选择的通道的色阶，如图 4-14 所示。

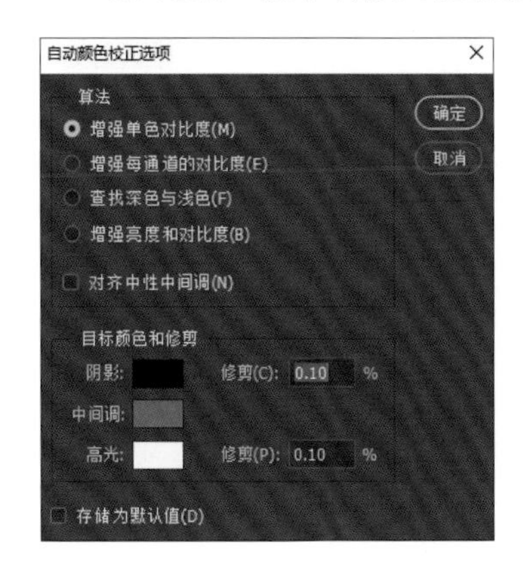

图 4-12

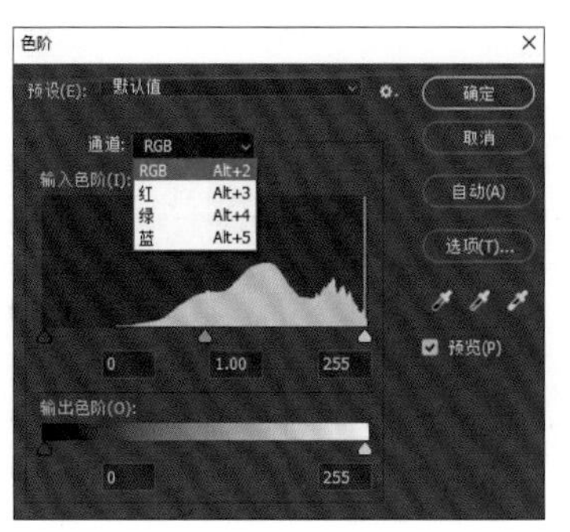

图 4-13

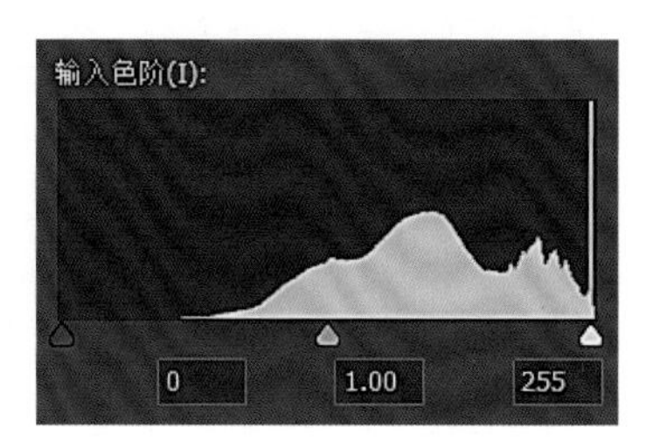

图 4-14

图 4-15

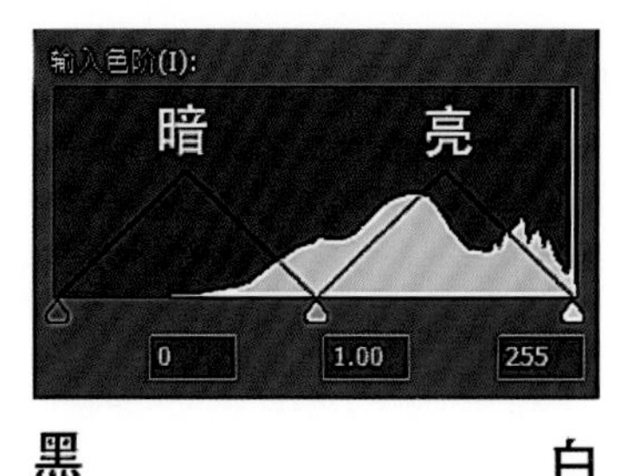

图 4-16

“输入色阶”需要配合“通道”使用，选择“RGB”通道时可以对画面的光影进行调整，如图 4-15 所示。

此时输入色阶被平均分成两部分，也就是“暗”和“亮”，可以理解为“谁的地盘大就听谁的”，如图 4-16 所示。

图 4-17

将中间的滑块向左拖曳，可以提亮画面，如图 4-17 所示。

图 4-18

将中间的滑块向右拖曳，可以压暗画面，如图 4-18 所示。

将右侧的滑块向左拖曳，可以提亮高光影调区域，如图 4-19 所示。

图 4-19

图 4-20

将左侧的滑块向右拖曳，可以压暗阴影影调区域，如图 4-20 所示。

输出色阶：该命令表示最终的色阶输出范围，如图 4-21 所示。

图 4-21

将右侧的滑块向左拖曳，可以压暗高光影调区域，同时画面变灰，如图 4-22 所示。

图 4-22

图 4-23

将左侧的滑块向右拖曳，可以提亮阴影影调区域，同时画面变灰，如图 4-23 所示。

● 2. 案例：用 RGB 通道还原色彩

如图 4-24 所示，原图的光影亮且灰，一般遇到这样的照片，我们应该先去灰。

图 4-24

图 4-25

观察它的“输入色阶”，在左侧也就是阴影影调区域，有一部分是没有峰值的，空白的那一段就意味着“灰”。而这段“空白”又处于阴影影调区域，说明照片的阴影影调较灰，如图 4-25 所示。

所以我们需要将左侧的滑块向右拖曳，以达到去灰的效果，也就是压暗照片的阴影影调区域。而照片又整体偏亮，再将中间的滑块向右拖曳，达到整体压暗的效果。这样既压暗了阴影影调完成去灰，又压暗了整体影调，使照片曝光变得正常，如图 4-26 所示。同理，调整其他照片时，如果你发现照片曝光不正常、比较灰，就看一下“输入色阶”是否有空白，高光影调区域的调整同理。

图 4-26

注意

去灰时并不是一定要分毫不差地来到峰值的“山脚下”，因为照片的风格不同，需要的影调效果也不同。比如你调的是一张灰调的照片，那在去灰的时候不必非要到“山脚下”。如果有的照片需要高对比度，那就可以超过“山脚下”，甚至可以到峰值的最高处。具体调整方法要根据照片的风格来定。

我们来看一下原图与调整效果的对比，如图 4-27 所示。

图 4-27

3. 案例：用颜色通道还原色彩

颜色通道就是调整照片色彩的通道，RGB 模式的照片一共有三个颜色通道，分别是“红”“绿”“蓝”。第 1 章中讲过“补色的关系”，这里我们就要运用起来了。

先以红通道为例，红色的补色是青色，如图 4-28 所示，在“输入色阶”中，左侧为青，右侧为红。

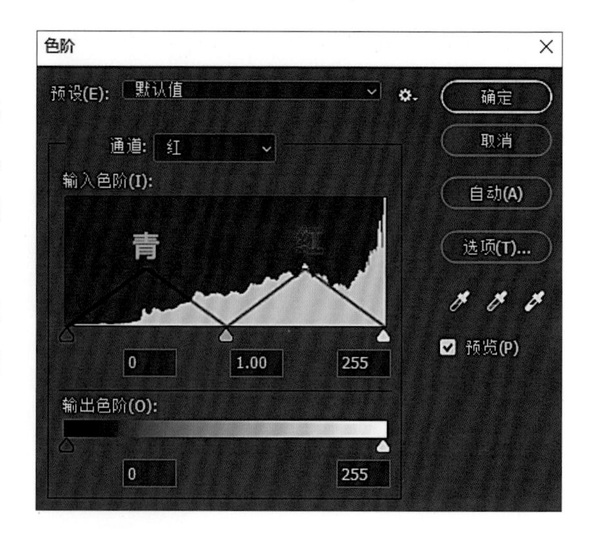

图 4-28

当我们将中间的滑块向左拖曳时，画面整体偏红；将中间的滑块向右拖曳时，画面整体偏青，如图 4-29 所示。

图 4-29

将右侧的滑块向中间拖曳，表示在高光影调区域加红色，同时提亮高光影调区域；将左侧的滑块向中间拖曳，表示在阴影影调区域加青色，同时压暗阴影影调区域，如图 4-30 所示。

图 4-30

在“输出色阶”中，将右侧的滑块向左拖曳，表示在高光影调区域加青色，同时画面影调变灰；将左侧的滑块向右拖曳，表示在阴影影调区域加红色，同时画面影调变灰，如图 4-31 所示。

图 4-31

另外两个颜色通道的操作也是同理，如图 4-32 所示，此处不再详细讲解。

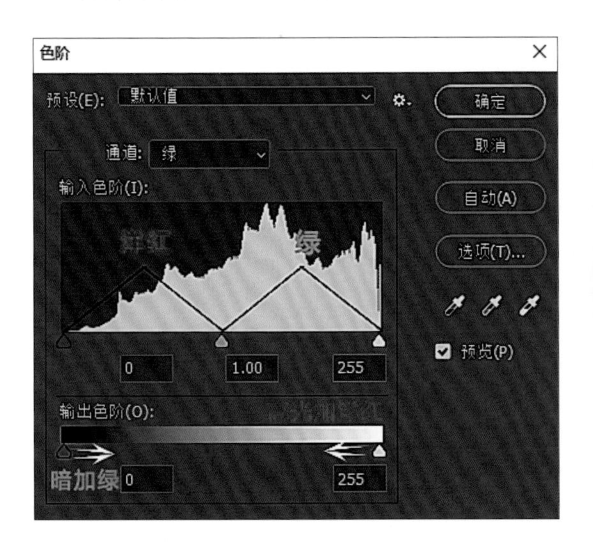

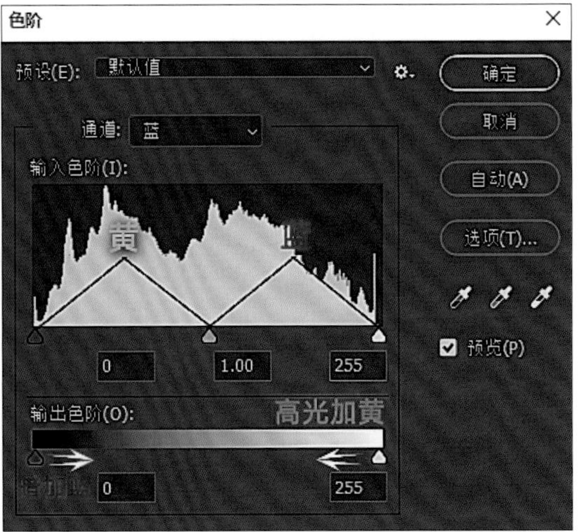

图 4-32

注意：在颜色通道中进行调整，对光影也会产生同等影响。也就是说，调整颜色通道，同时会调整光影，包括明暗与对比度。

案例操作

按快捷键 Ctrl+J 将原图复制一层，然后对复制图层进行“高斯模糊”，如图 4-33 所示，并将混合模式改为“柔光”。

图 4-33

按快捷键 Ctrl+L 打开“色阶”对话框，选择蓝通道，在阴影影调区域加黄色，如图 4-34 所示。

图 4-34

再选择红通道，在高光影调区域加红色，如图 4-35 所示。

图 4-35

画面对比度有些大，按快捷键 Alt+I+J+W 打开“阴影 / 高光”对话框，增加“阴影”的“数量”，使阴影影调区域多一些细节，如图 4-36 所示。

图 4-36

看一下原图与调整效果的对比，如图 4-37 所示。

图 4-37

4.1.3 曲线与色彩还原

“曲线”工具是 Photoshop 中重要的调色工具之一，它的工作原理是在对应的影调处定点，从而达到调整光影和色彩的目的。曲线可以定一个乃至多个点，因此可以对画面进行全面且细致的调整。曲线的菜单路径是“图像 > 调整 > 曲线”，快捷键是 Ctrl+M。

1. “曲线”对话框

首先，我们来了解一下“曲线”对话框，如图 4-38 所示。

图 4-38

预设：该命令是 Photoshop 自带的调整效果，可直接使用，但因不同照片的光影和色彩不同，不能实现所有照片通用。

显示数量：“光”是使用色阶为单位的加色模式，“颜料 / 油墨”是使用百分比为单位的减色模式。

网格大小：可设置曲线网格的疏密。

通道叠加：是否在 RGB 通道显示其他通道的信息。

直方图：是否显示直方图。

基线：是否显示原对角线。

自动：该命令是用来自动调整画面的，同理，因照片光影和色彩不同无法通用于所有照片。

选项：该命令可自动校正光影和色彩，同理，因照片光影和色彩不同无法通用于所有照片。

黑场、灰场、白场：从左至右有三个吸管，用黑场吸管单击画面中最暗的区域，灰场吸管单击画面中的中间调区域，白场吸管单击画面中最亮的区域，便可以调整画面的光影和色彩。

是“编辑点以修改曲线” 模式，是“通过绘制来修改曲线”模式，通常我们使用“编辑点以修改曲线”模式。

通道：该命令是用来选择调整通道的。

输出 / 输入色阶：下面对该工具进行重点介绍。真正用曲线调整照片时，就是通过这条对角线在输出 / 输入色阶中进行调整，如图 4-39 所示。

我们可以在这条对角线上任意定点，每一个点代表一个影调区域，如图 4-40 所示。从暗到亮，可以在不同影调区域定相应的点，从而达到调整光影和色彩的目的。

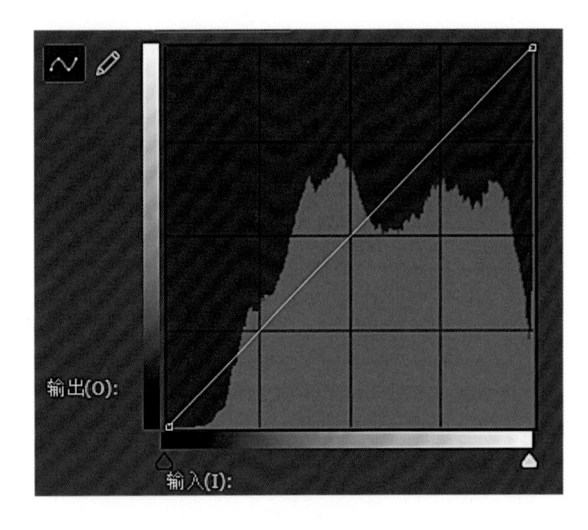

图 4-39

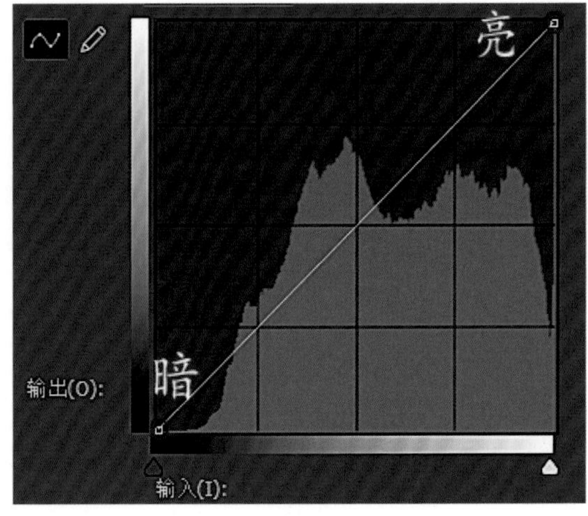

图 4-40

如图 4-41 所示，原图曝光有些过度，我们需要把曝光压下来。

在 RGB 通道中，将曲线向上提代表提亮，向下压代表压暗。那么在 RGB 通道中，在高光影调区域单击定点，然后向下压，便可以将曝光压暗，如图 4-42 所示。

图 4-41

图 4-42

也许刚学习使用“曲线”的你，操作起来会有些困惑。例如，如何判断在哪里定点，一般可以根据画面的情况来定，如果想对画面整体进行调整，那么可以在对角线中间的位置定点；如果只想对高光影调区域进行调整，就可以在右上位置试探着定点。在这里我用了“试探”这个词，并不是应付了事，而是在调整的过程中，我们需要在定好点的大概位置后，上下移动这个点，选择适合的位置，因为一张照片中的影调非常丰富，一个高光影调区域还可以细分出多个影调区域，所以在以点编辑曲线时，可以定多个点，如图 4-43 所示。

Photoshop 的设计很人性化，大家可以看到“曲线”对话框左下角有一个小手图标，它是用来帮助我们定点的，选择它后，将鼠标指针放置在画面上，鼠标指针将变成一个吸管的形状，对角线上会对应出现一个空心的圆点。鼠标指针在画面上移动，可以锁定点的位置。直到确定后，按住鼠标左键，空心的圆点便变成实心的点，上下拖曳鼠标就可以准确调整了，如图 4-44 所示。

图 4-43

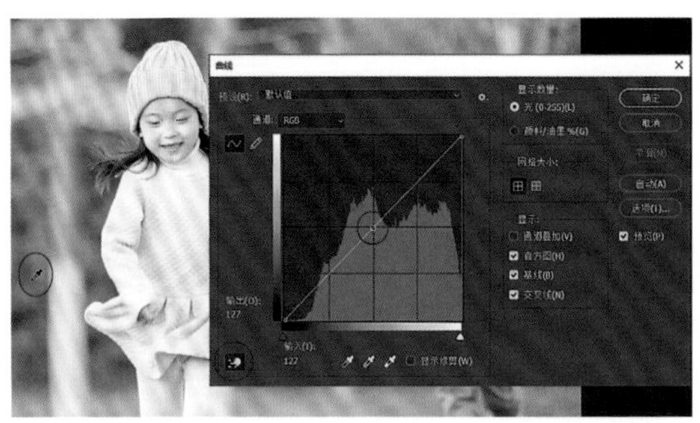

图 4-44

因为曲线是一条线，所以定一个点会影响到整体。比如在高光影调区域定点提亮，阴影影调区域也会受到影响，这时就需要定第二个点，将不需要提亮的区域向下压暗，通过吸管可以在画面上任何不满意的位置定点，然后提亮或压暗。不用的时候再单击一下这个小手图标即可。

2. 案例：通过曲线调整色彩

曲线与色阶一样，颜色通道同样是由“红”“绿”“蓝”三个通道构成，也要用到补色关系，比如红通道，定点后向上提就是加红色，向下压就是加它的补色青色，如图 4-45 所示，其他通道同理。

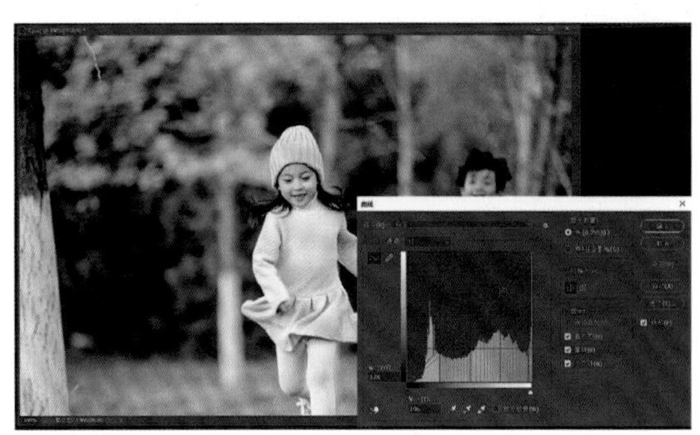

图 4-45

同理，对不同的点进行调整，就是在不同的影调区域加色，与 RGB 通道用法相同。在运用的过程中同样也要遵循三原色叠加原理，如图 4-46 所示，红色 + 绿色 = 黄色，并且在颜色通道中调色同样会对光影产生影响，我们可以看到画面不仅变黄了，还变亮了。

图 4-46

前后对比效果如图 4-47 所示。

图 4-47

最后看一下原图与效果图的对比，如图 4-48 所示。

图 4-48

4.1.4 可选颜色与色彩还原

“可选颜色”也是 Photoshop 中较为常用的调色工具，其作用是对画面中某一种颜色进行单独调整而不影响其他颜色，菜单路径是“图像 > 调整 > 可选颜色”。

● 1.“可选颜色”对话框

“可选颜色”对话框如图 4-49 所示。

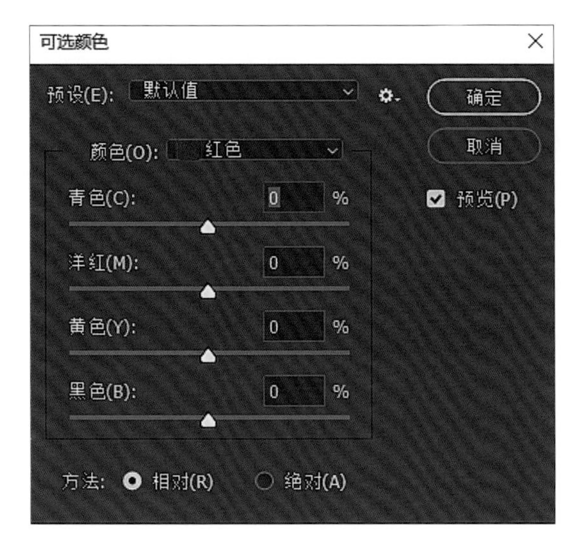

图 4-49

颜色：

1 选择要调整的颜色。

2 在下方操作区中可以对所选颜色进行调整。例如，第一个操作色条是“青色”，那么将滑块向右拖曳（为正值）就是加青色，反之向左拖曳（为负值）代表加其补色，也就是红色，其他颜色同理。

方法：

1 “相对”只调整所选颜色的油墨量。

2 “绝对”在调整所选颜色的油墨量外增加其他颜色的油墨量。

3 “相对”和“绝对”相比，“绝对”效果更重，根据调色习惯及需要选择即可。

注意：“可选颜色”在运用时，也遵循三原色叠加原理。

2. 案例：色彩还原海滩新人

如图 4-50 所示，原图中一对新人在海滩上漫步，也许是天气原因，整个画面都灰蒙蒙的。接下来我们用可选颜色对其进行基本的色彩还原。

图 4-50

首先用前面学过的“曲线”工具，将画面整体略微提亮，如图 4-51 所示。

图 4-51

选择“可选颜色”中的“白色”加青色，为画面中的水天还原回一些冷色。注意，这里之所以选择“白色”，是因为画面中的水天几乎为灰白色，白色对它们来讲影响最大，如图 4-52 所示。

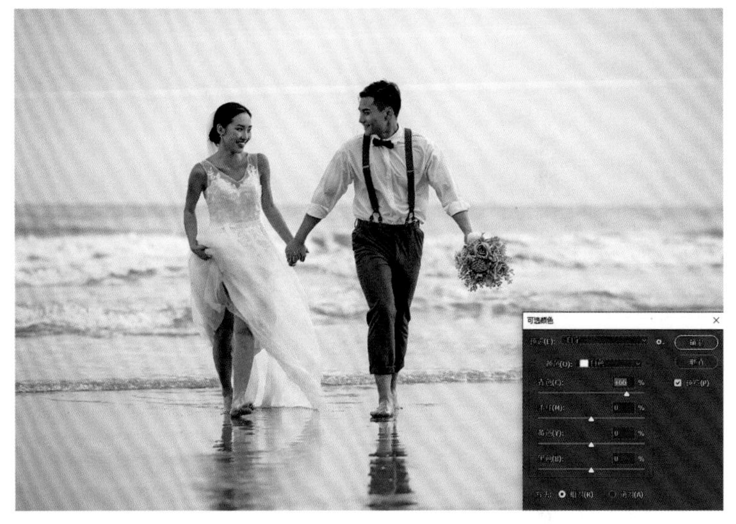

图 4-52

为了使人物肤色更暖，选择“红色”，在“红色”中增加黄色，减少青色（即增加红色）。因为肤色本就是暖色居多，所以在暖色（红色）中加暖色（红色、黄色），可以达到突出主体的目的，然后单击“确定”按钮，如图 4-53 所示。

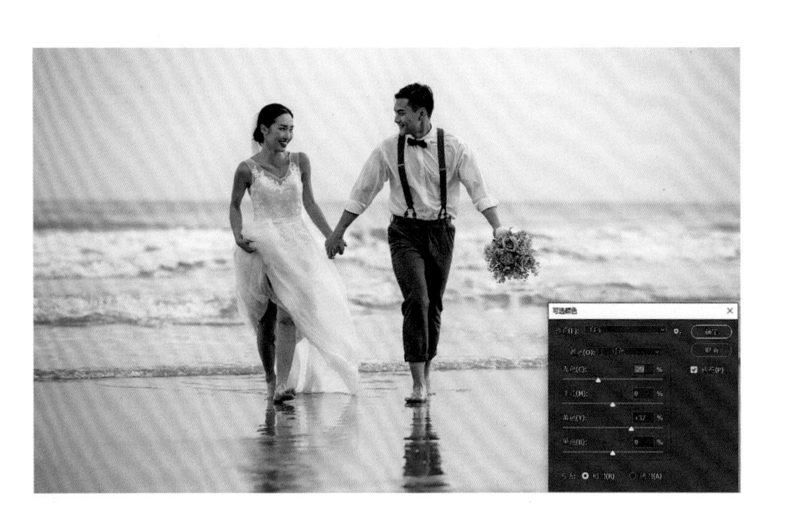

图 4-53

这时观察到天空的颜色有些不匀，画面略显脏，而人物与环境需要统一色彩，所以再使用“可选颜色”，将“方法”改成“绝对”，选择“白色”，加青色与洋红色（三原色叠加原理，青色 + 洋红色 = 蓝色），如图 4-54 所示。这里不直接加蓝色，是因为效果有很大不同，调和出的颜色，无论是出色还是影响区域，都会有区别。

图 4-54

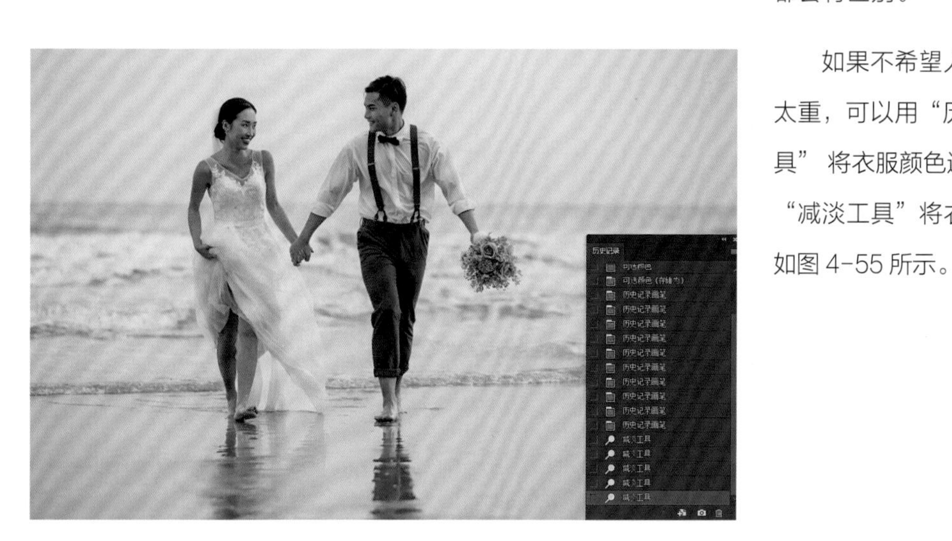

如果不希望人物身上环境色太重，可以用“历史记录画笔工具”将衣服颜色还原一些，再用“减淡工具”将衣服略微刷亮，如图 4-55 所示。

图 4-55

也可以在最开始通过“调整图层”进行调整，利用调整图层的“蒙版”将衣服上的环境色擦掉，如图 4-56 所示。

图 4-56

最后我们来看一下对比效果，如图 4-57 所示。

图 4-57

3. 案例：可选颜色定调

如图 4-58 所示，这是一张外景照片，照片中美丽的姑娘俏皮地荡着树枝。

图 4-58

如果我们想将照片调成更暖的色调，可以使用“可选颜色”，选择画面中的主色调“黄色”，然后加洋红色（黄色 + 洋红色 = 红色），如图 4-59 所示。

为了使画面暖且柔和，需要让其更通透一些，可以再加一些黄色，如图 4-60 所示。

图 4-59

图 4-60

最后来看一下对比效果，如图 4-61 所示。

图 4-61

总结

对于“可选颜色”的应用，选择照片中原有的颜色，根据所需及三原色叠加原理进行调色。前面我们所学的其他调色工具，如“色阶”“曲线”等也都离不开对三原色的应用。

4.2 人像皮肤商业精修法

4.2.1 案例：中性灰修肤法

中性灰修肤法主要是通过刷光影的方式，在将皮肤修干净的同时保留质感，还可以为人物重塑光影和立体感。

操作方式

先用“修补工具”将脸部的痘痘等大瑕疵勾掉，然后建立一个观察组。添加一个“黑白”调整图层，压暗“红色、黄色”，然后再添加一个“曲线”调整图层，加大画面光影的对比度，使明暗反差体现出来，其主要目的是在黑白观察组下看光影比较清楚、明了。等到出图时就可以直接删除观察组了，因为它只是辅助作图用的，如图 4-62 所示。

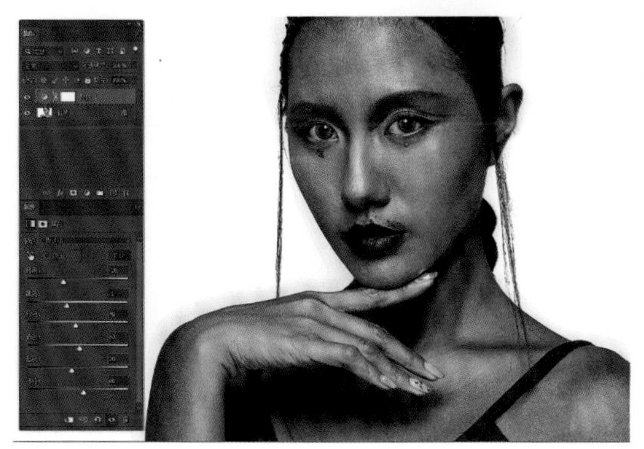

图 4-62

按住 Alt 键单击“创建新图层”按钮，在“新建图层”对话框中将模式改为“柔光”，同时勾选“填充柔光中性色（50%灰）”，单击“确定”按钮，新建一个灰板，如图 4-63 所示。

图 4-63

图 4-64

选择曲线层与黑白层，将它们放到一组中，移到灰板层上方，如图 4-64 所示。

此时在观察组下看人物就一目了然了。然后选择“画笔工具”，将前景色调成白色，画笔不透明度调到 5% ~10%，硬度为 0，以人物额头为例，把比较脏的地方刷干净，如图 4-65 所示。

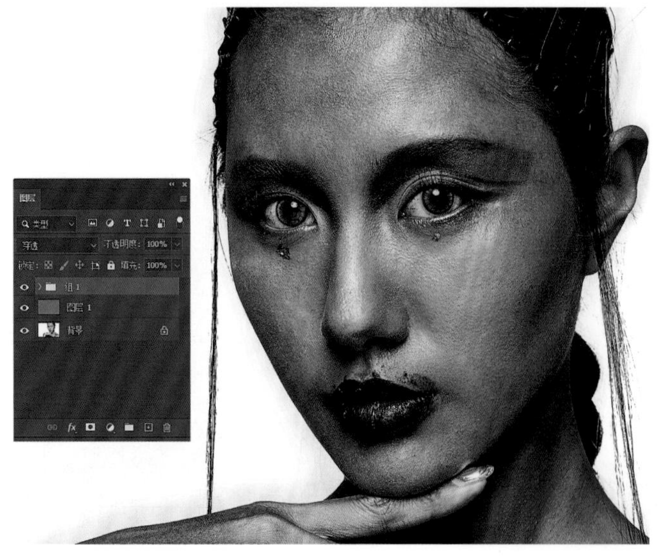

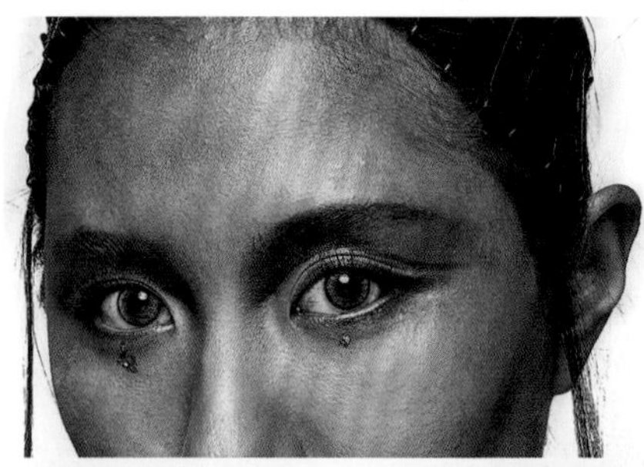

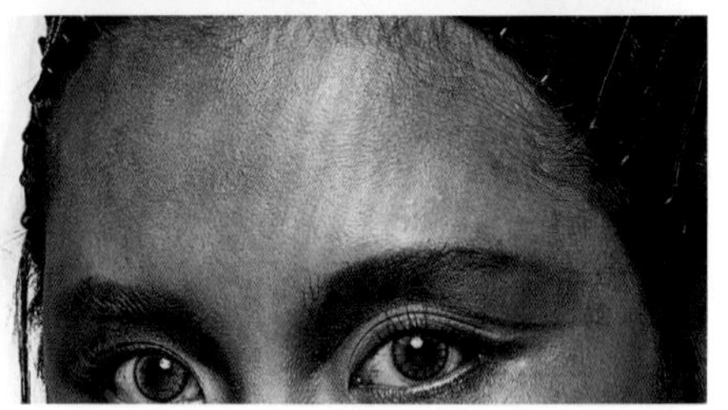

图 4-65

注意：在刷的过程中，因为画笔不透明度较低，需要在特别脏、黑的地方多刷几次，但是不可刷得太过，否则就会把黑的刷成白的，人物脸部会花。在刷的过程中根据需要调整画笔大小，刷面积大的地方时将画笔调大，反之则调小。

皮肤某些地方受到光的影响，需要刷暗。这时可以按 X 键切换前景色和背景色，将黑白两色切换使用。我们的目的是将人物肤色刷匀。

看一下前后对比，如图 4-66 所示。

图 4-66

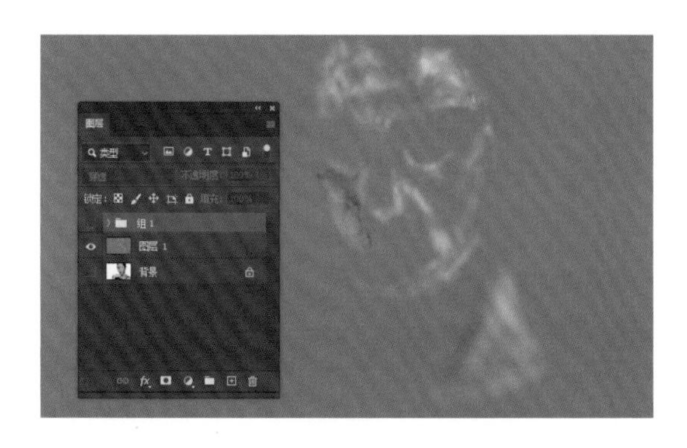

图 4-67

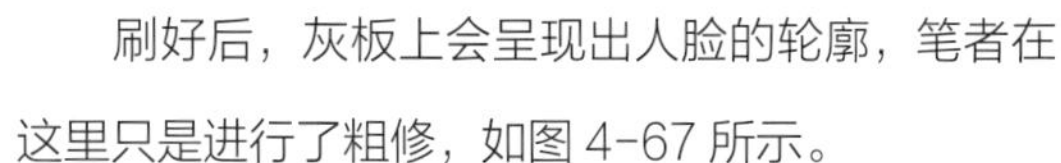

刷好后，灰板上会呈现出人脸的轮廓，笔者在这里只是进行了粗修，如图 4-67 所示。

删掉观察组（组 1），按快捷键 Ctrl+Shift+Alt +E 盖印一层，用 Portraiture 磨皮，再新建一个图层（混合模式为“柔光”），在彩色画面下，对效果不完美的地方进行调整，然后整体刷光影，塑造出人物脸部立体感，如图 4-68 所示。

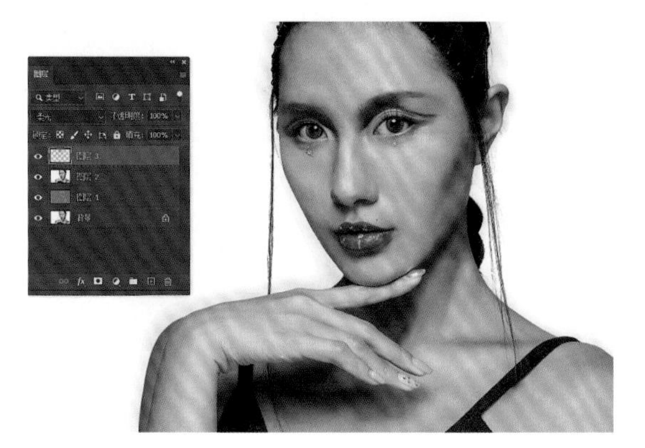

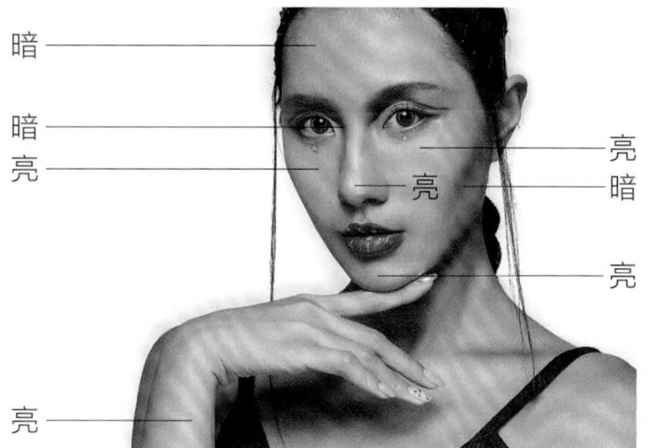

图 4-68

最后来看一下对比效果，如图 4-69 所示。

图 4-69

4.2.2 案例：高低频修肤法

高低频修肤法也是一种保留肤质的磨皮法，主要是将照片分成“高频”与“低频”两部分，高频主要负责纹理质感，低频主要负责光影色彩，操作时它们相互配合又互不影响。

先用“修补工具”将脸部的痘痘等大瑕疵勾掉，然后将原图复制两层，下面一层重命名为“低频”，上面一层重命名为“高频”，如图 4-70 所示（这里重命名是为了方便演示，读者实际操作时可以不重命名）。

将“高频”层隐藏，对“低频”层进行“高斯模糊”，半径为 27，单击“确定”按钮，如图 4-71 所示。

图 4-70

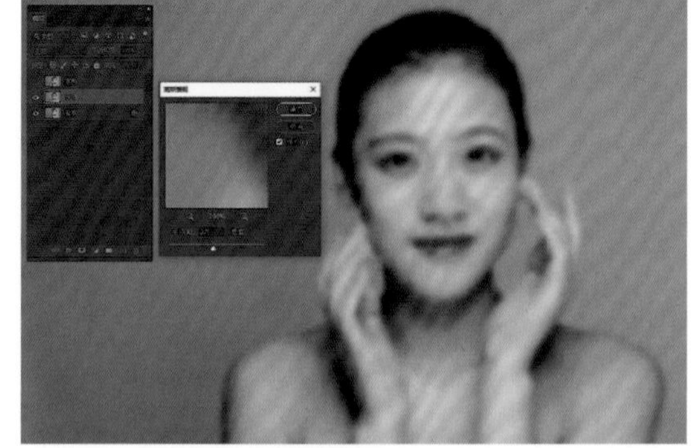

图 4-71

显示并选中“高频”层，执行“图像 > 应用图像”命令，在“应用图像”对话框中设置“图层”为“低频”，“混合”为“减去”，“缩放”为“2”，“补偿值”为“128”，如图 4-72 所示。

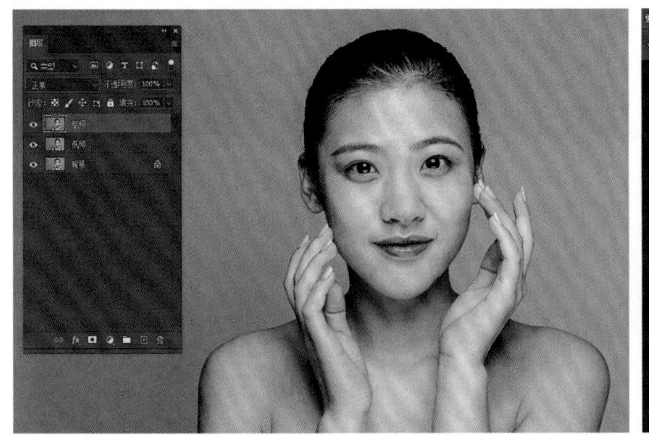

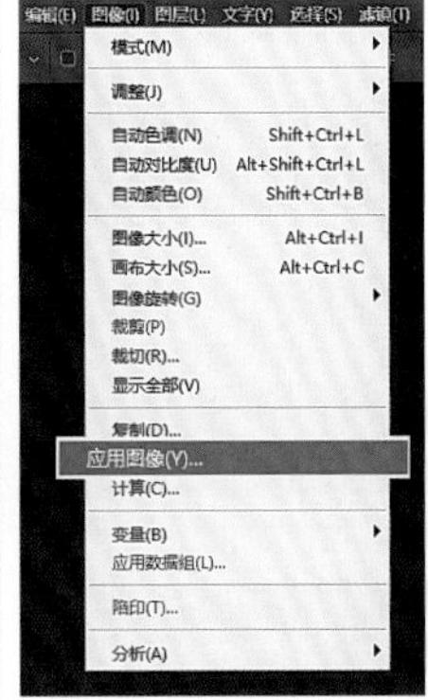

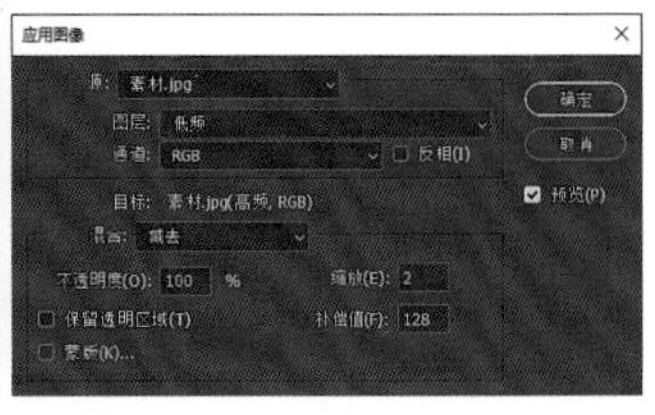

图 4-72

此时“高频”层变成灰板，将它的混合模式改为“线性光”，“高频”层就做好了，如图 4-73 所示。

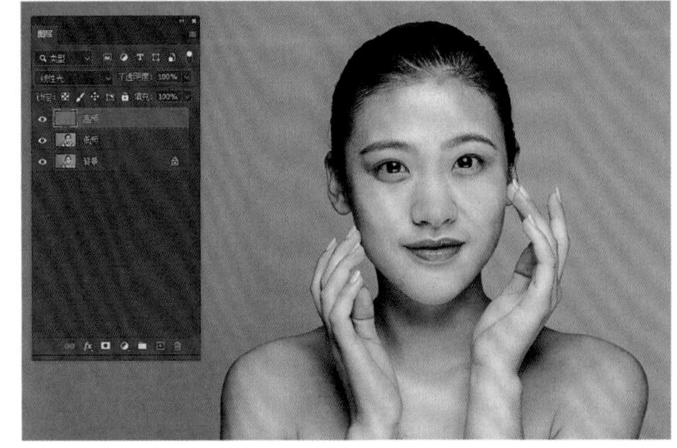

图 4-73

此时高低频已经分好，我们先来修低频，主要是将人物肤色的光影和色彩修匀。

从额头开始，用“吸管工具”在额头的中央吸取颜色，然后选择“画笔工具”，将不透明度与流量都设置为 50%（也可根据照片情况设置），硬度为 0，在额头高光影调区域涂抹；再用“吸管工具”吸取额头阴影影调区域的颜色，用画笔涂抹阴影影调区域，注意过渡要自然，如图 4-74 所示。

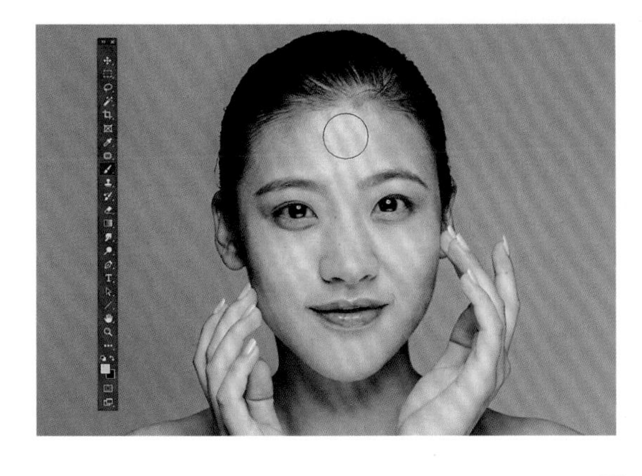

图 4-74

要使人物脸部影调均匀，又不影响人物脸部整体立体感，就要用亮色涂高光影调区域，用暗色涂阴影影调区域。人物脸部不同地方受光不同，所以涂抹不同地方的时候要重新吸取颜色，注意过渡一定要自然。

我们修低频主要是将光影调均匀，所以可以应用的工具有很多，除了“画笔工具”，用“混合器画笔工具”“仿制图章工具”也可以达到目的。

看一下前后对比效果，如图 4-75 所示。

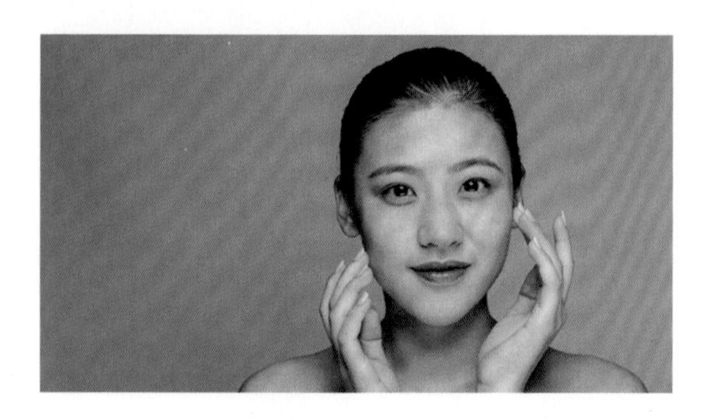

图 4-75

按快捷键 Ctrl+J 将“高频”层复制一层，然后按快捷键 Ctrl+I 反相，执行“滤镜 > 模糊 > 高斯模糊”命令，在“高斯模糊”对话框中设置“半径”为 6.6 像素，如图 4-76 所示。

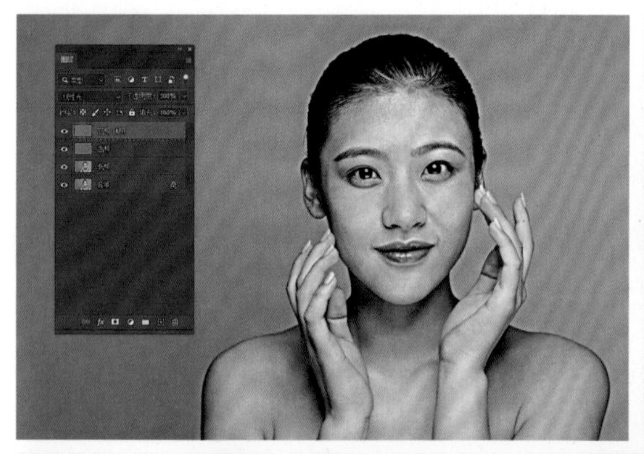

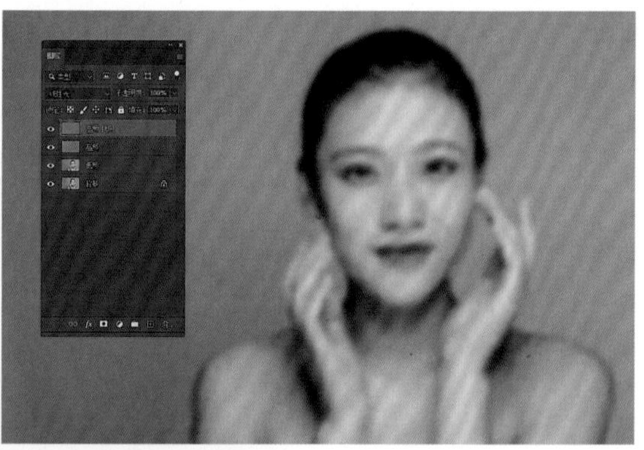

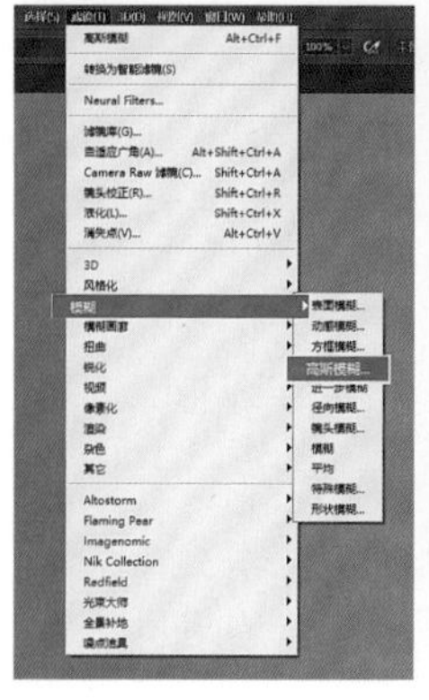

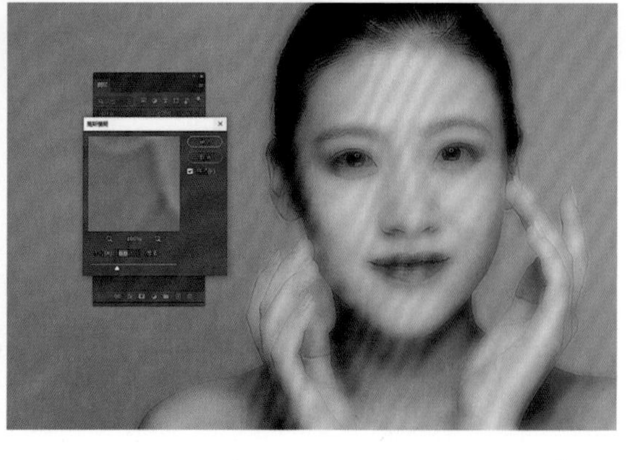

注意：将“高斯模糊”的半径设置为能看见部分毛孔的值即可，不要过大，也不要过小。

图 4-76

按 Alt 键添加一个黑色图层蒙版，用白色画笔将人物脸部（除了眉毛、眼睛、鼻孔、嘴巴的位置）擦出来，也就是仅对皮肤进行操作，如图 4-77 所示。

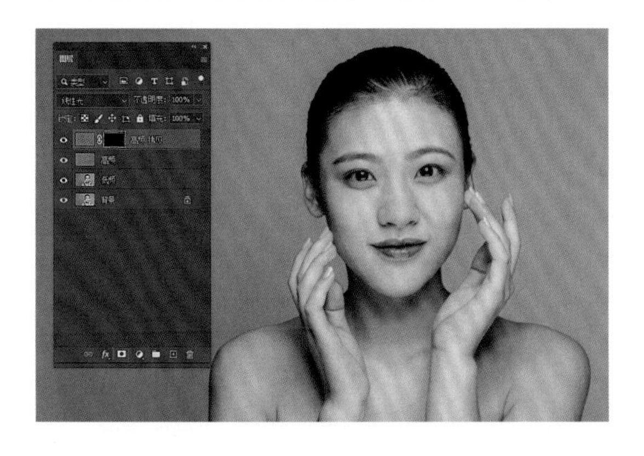

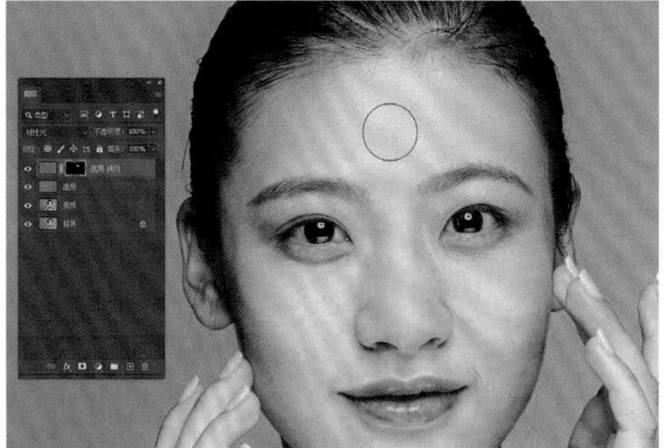

图 4-77

看一下前后对比效果，如图 4-78 所示。

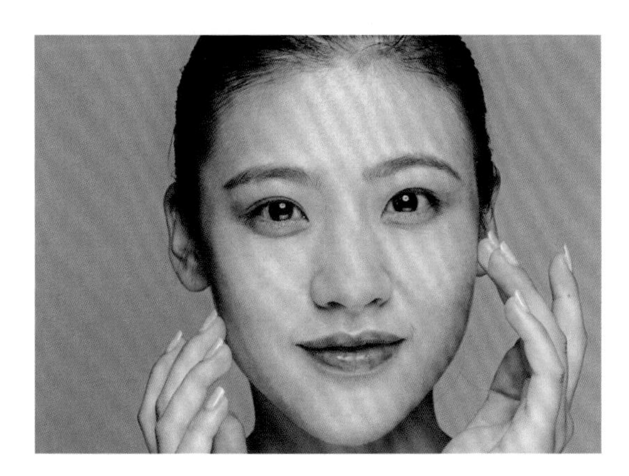

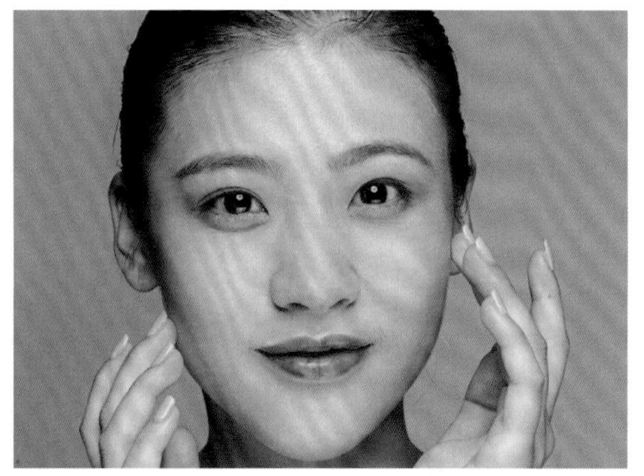

图 4-78

注意：在擦的过程中，尽量避开极亮和极暗的位置，如眼睛、鼻孔等。

将剩下的部分整体擦一遍，再将脸部的小细纹等瑕疵勾掉，如图 4-79 所示。

按快捷键 Ctrl+J 复制一层，用 Portraiture 磨皮，将不透明度设置为 80%左右，如图 4-80 所示。

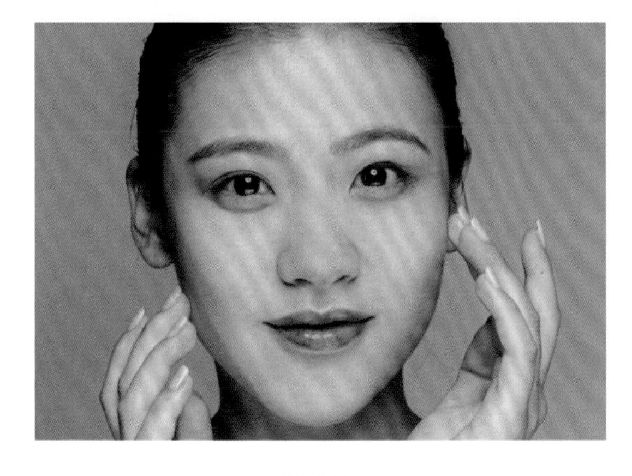

图 4-79

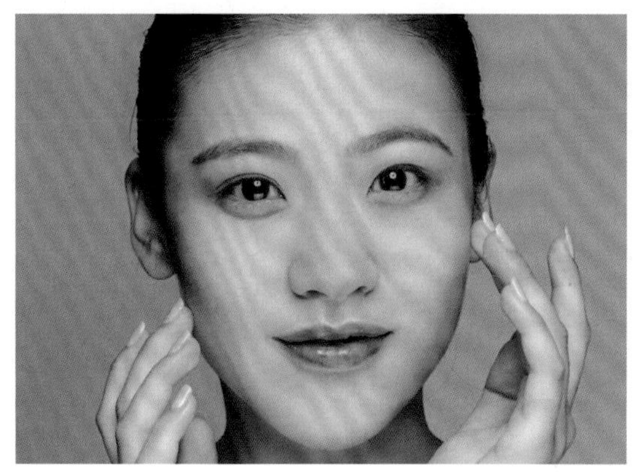

图 4-80

新建一个“柔光”层，将脸部光影塑造得更有立体感一些。先刷形，然后再降低不透明度，如图 4-81 所示。液化一下脸型，如图 4-82 所示。

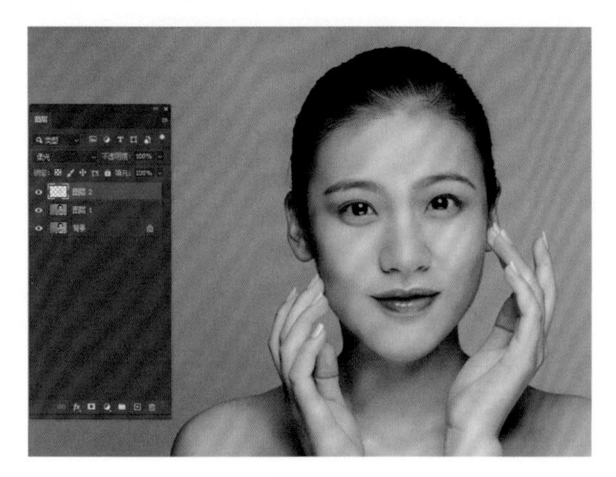

图 4-81

图 4-82

图 4-83

因为光影的影响，人物左侧眼睛卧蚕有些大，需要新建一个“柔光”层，用白色画笔将其略微刷亮。注意画笔要小一些，不能画出白边。然后复制一层，单独把眼睛下方光影略花的地方用 Portraiture 磨皮，如图 4-83 所示。

最后看一下前后对比效果，如图 4-84 所示。

图 4-84

看一下原图与调整效果的对比，如图 4-85 所示。

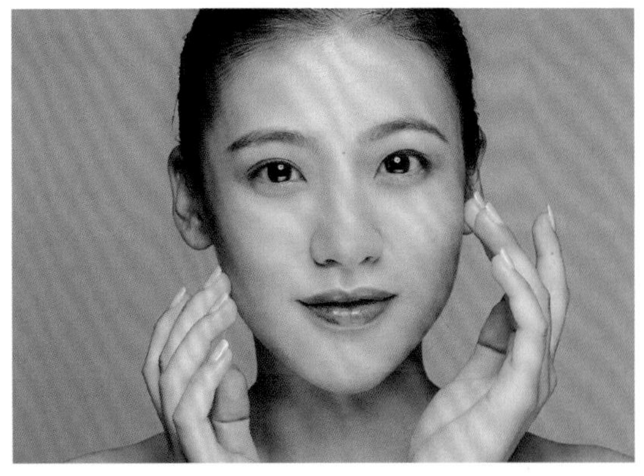

图 4-85

现在肤色看上去不够通透，这是因为我们还没有正式讲到调色，只是进行了简单的调整。

先选择高光影调区域（快捷键 Ctrl+Alt+2），然后反选（快捷键 Ctrl+Shift+I），复制一层（快捷键 Ctrl+J），将非高光影调区域复制出来，将“柔光”改为“滤色”，再用曲线工具（快捷键 Ctrl+M）压暗，如图 4-86 所示。

图 4-86

一般修一张图时，可以将中性灰修肤法与高低频修肤法结合使用，并不是只能单独使用一种方法，过程中也可使用一些磨皮软件，但注意磨皮力度不可过大，不要破坏肤质。

4.2.3 案例：双曲线修肤法

双曲线修肤法也是一种能够保留肤质的磨皮法，它的工作原理是在“观察组”下将皮肤不匀的地方刷匀，将毛孔中的“脏东西”清除掉，以得到一张干净又不失质感的脸。

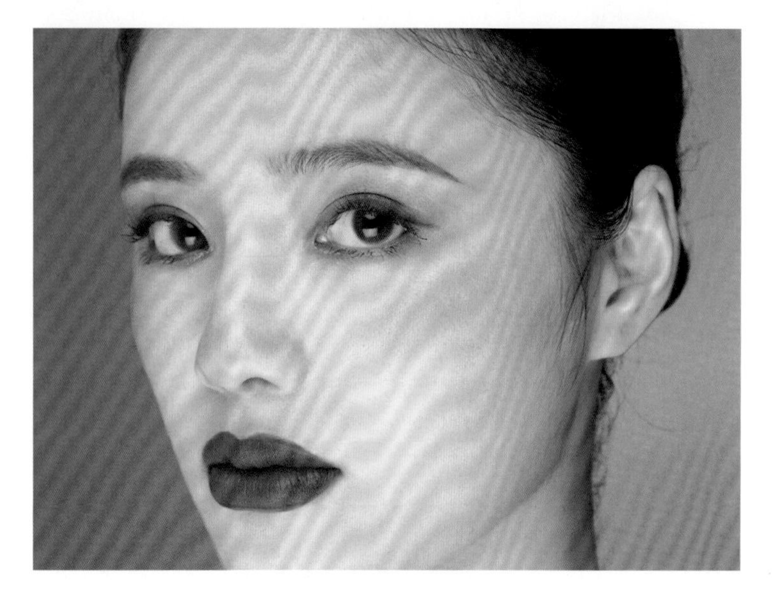

图 4-87

操作方法

原图是一张彩妆人物的特写，这种类型的照片在修图的过程中，要注意彩妆不要修花，如图 4-87 所示。

先建一个观察组，这一步操作与中性灰修肤法一样，如图 4-88 所示。注意因为照片不同，无论是“黑白”还是“曲线”，它们的值都会不同。“曲线”用于增加对比度，以更清楚地看到脸部脏或肤色不匀的问题。

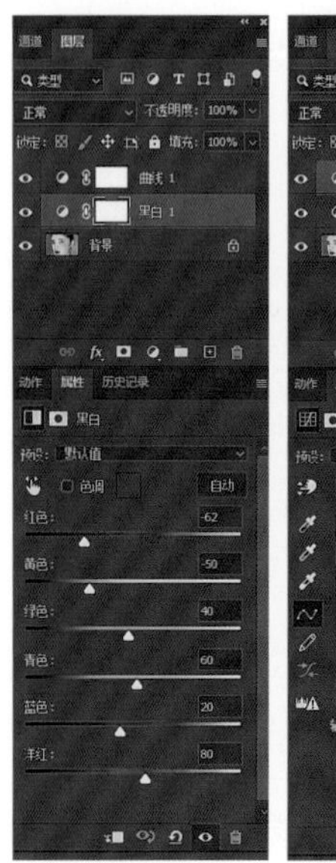

图 4-88

选择背景层，新建一个“曲线”调整图层，将图层重命名为“暗”便于区分，然后将其压暗，如图 4-89 所示。

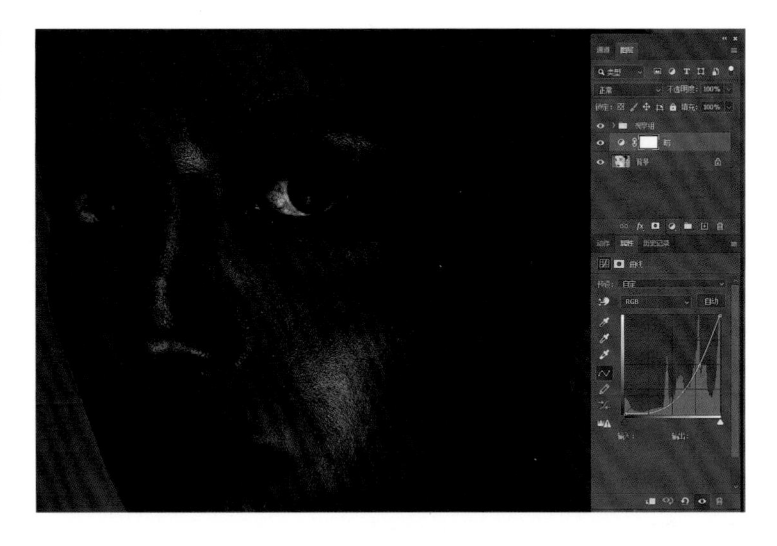

图 4-89

再按快捷键 Ctrl+Delete（填充背景色）将蒙版填充为黑色，如图 4-90 所示。

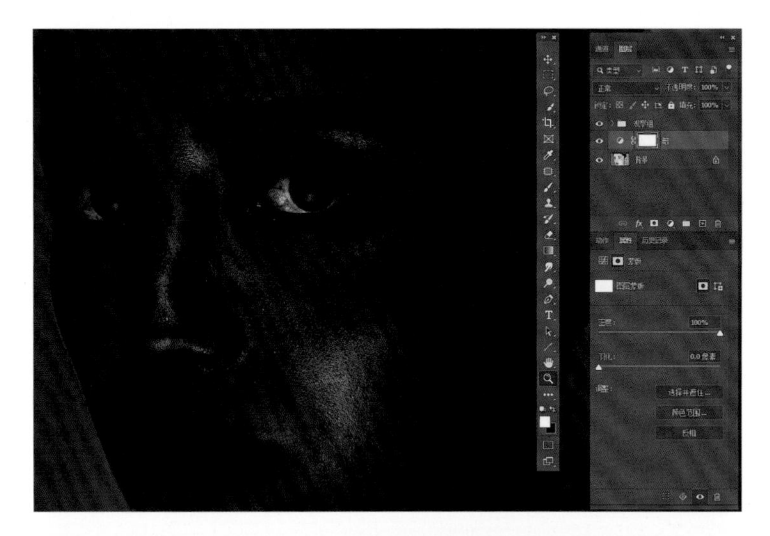

图 4-90

新建一个“曲线”调整图层，重命名为“亮”，然后将其提亮，同样将蒙版填充为黑色，如图 4-91 所示。

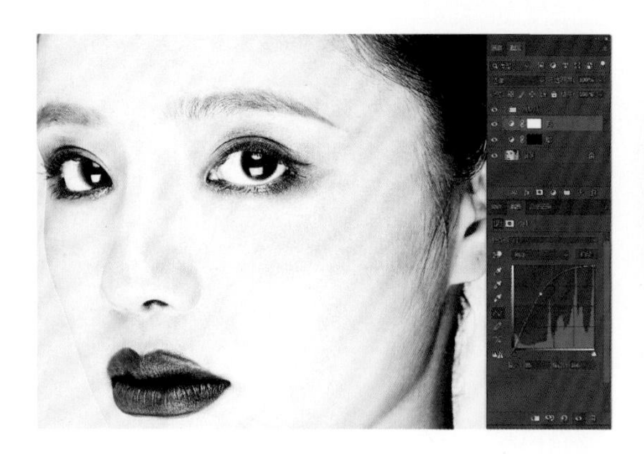

图 4-91

选择“亮”曲线调整图层，用白色画笔将人物脸部大片肤色不匀的地方刷干净，画笔不透明度建议为 5%，如图 4-92 所示。

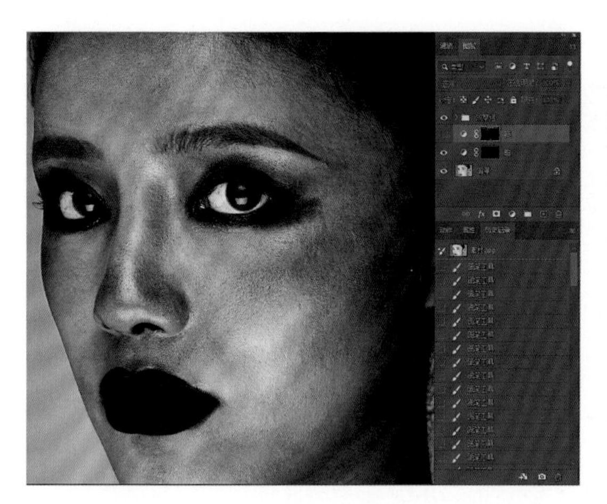

图 4-92

选择“暗”曲线调整图层，将人物脸部过亮的地方刷暗、刷匀，如图 4-93 所示。

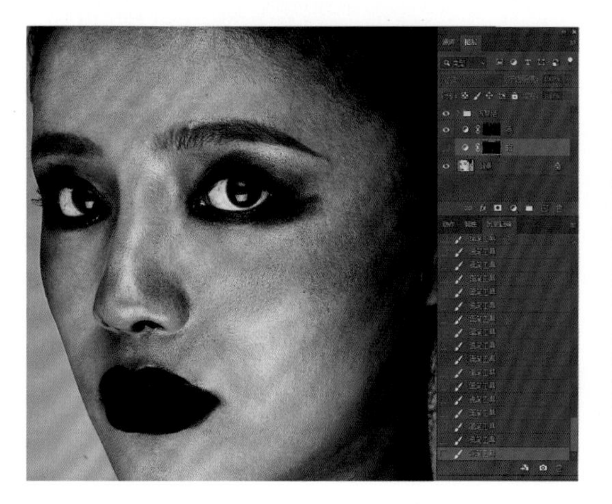

图 4-93

为了使大家看得更清楚，这里把原图压暗了一些进行对比，如图 4-94 所示。

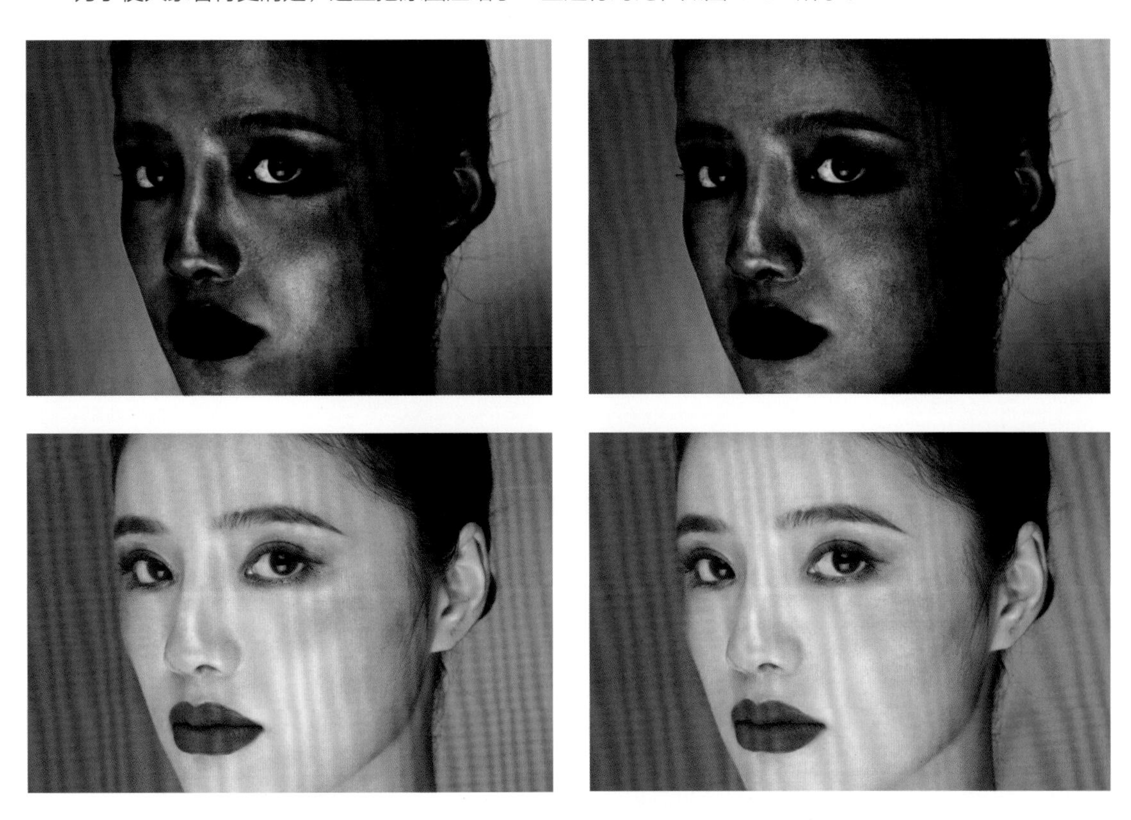

图 4-94

此时将人物放大，找到毛孔大、皮肤较粗糙的地方，用画笔刷亮，如图 4-95 所示。

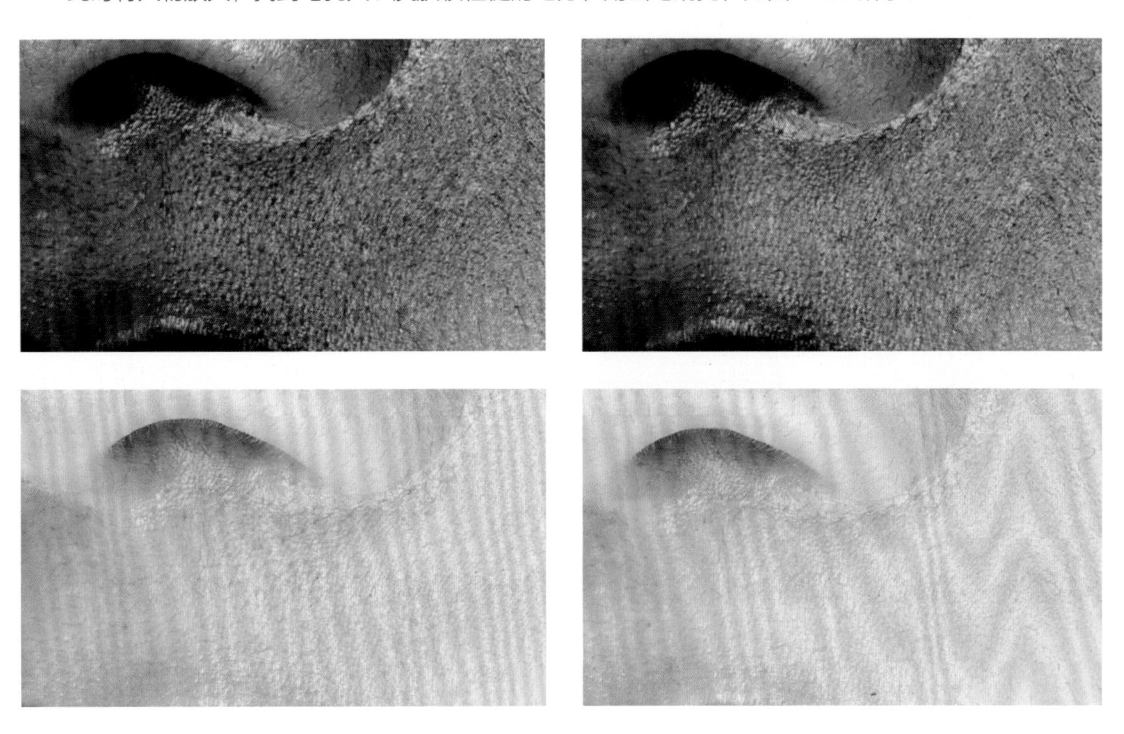

图 4-95

这样一些粗大的毛孔就可以变得细腻且干净，如图 4-96 所示。这种修法是非常细致的，我们可以结合前面所学的方法进行综合运用，提高修图效率。

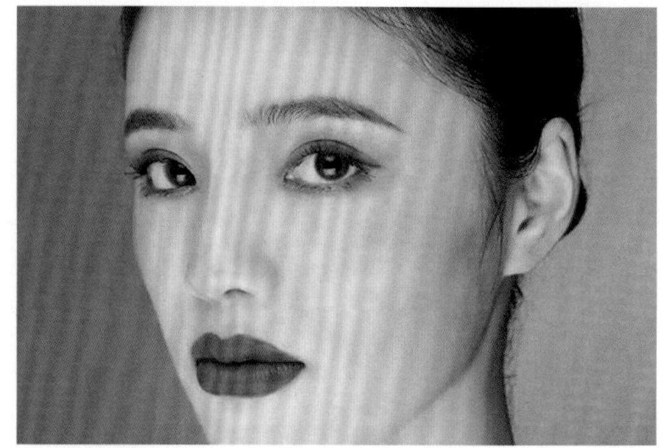

图 4-96

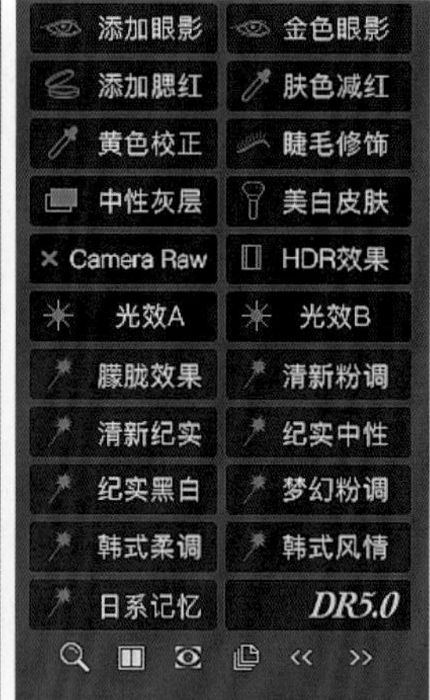

图 4-97

4.2.4 案例：DR5 修肤法

DR5 是一款插件，有很多磨皮的预设，使用起来方便且快捷。使用它也可以在保留肤质的同时，将皮肤修干净。DR5 面板如图 4-97 所示。

图 4-98

快速智能修图：使用 DR5 可以局部磨皮，也可以整体磨皮。局部磨皮就是选择前面的“套索工具”画一个选区，然后单击“快速智能修图”按钮。整体磨皮无须画选区，直接单击“快速智能修图”按钮即可。

以修手臂为例，使用“套索工具”画完选区后，单击“快速智能修图”按钮，会出现一个选择框，将其移动到手臂位置，调整好大小并双击，如图 4-98 所示。

这时“图层”面板中会出现一个带蒙版的图层，用白色画笔将需要的地方擦出来。注意，当我们运用此命令时，画笔的“流量”会自动被调成 15%，我们可以根据自己的需要选择数值，这里笔者用的是 100%，如图 4-99 所示。

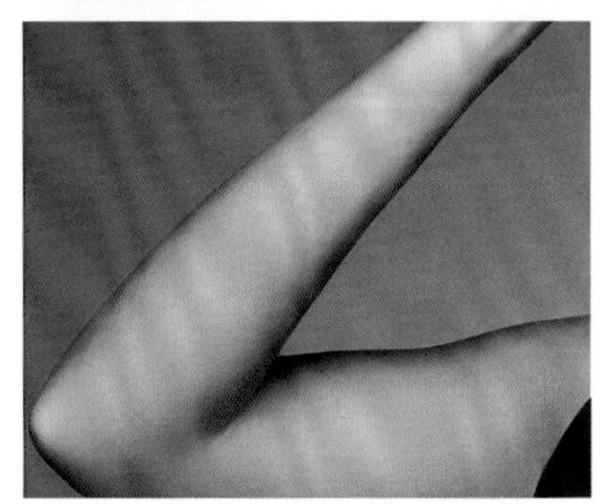

图 4-99

平滑局部： 同理，也可以整体或局部进行平滑处理，应用后会出现一个图层，界面中间会弹出一个对话框询问各选项数值的大小。

如图 4-100 所示，以额头为例，用“套索工具”在额头处画好选区，然后单击“平滑局部”按钮。

平滑局部

纹理半径：14 像素

平滑半径 32 像素

平滑力度：100 %

预览 应用 取消

图 4-100

在“平滑局部”对话框中单击“应用”按钮使用默认值，平滑效果如图 4-101 所示。

图 4-101

去除瑕疵：一般用于去除比较明显的瑕疵。

以脸部中庭为例，在中庭画好选区，单击“去除瑕疵”按钮，如图 4-102 所示。

图 4-102

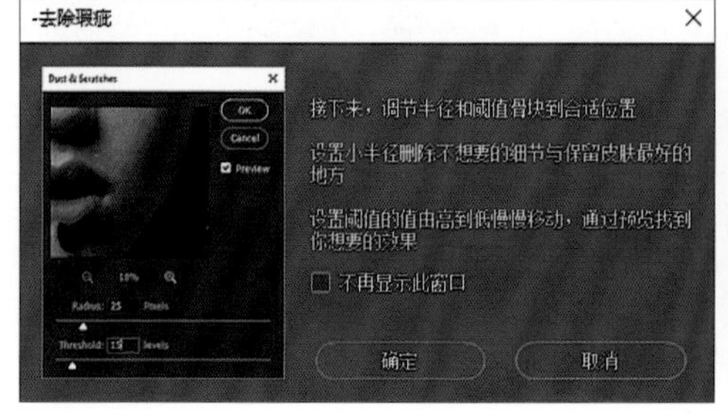

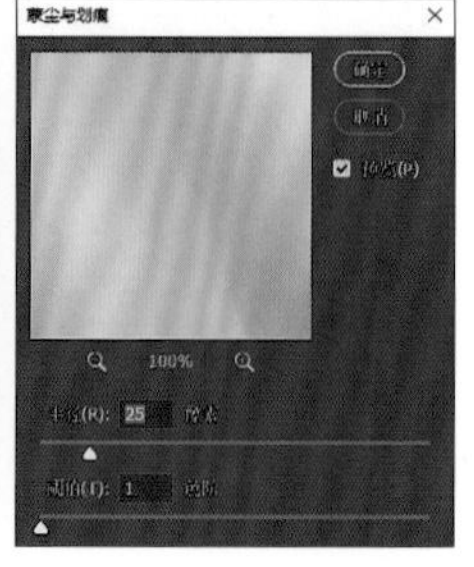

在“去除瑕疵”对话框中单击“确定”按钮，在“蒙尘与划痕”对话框中设置半径，然后单击“确定”按钮，如图 4-103 所示。

图 4-103

图 4-104

在蒙版上用白色画笔擦出想要的区域，因为此命令效果很明显，所以画笔保持默认流量15%，如图 4-104 所示。

在擦的过程中尽量将人物放大，画笔缩小，仔细地擦，瑕疵较重的地方可以反复多擦几次，但要注意力度，如图4-105所示。

表面平滑：可以直接单击“表面平滑”按钮，然后将需要的区域擦出来。

以脖子、前胸为例，单击“表面平滑”按钮，会弹出一个对话框询问各选项数值的大小，单击“应用”按钮，如图4-106所示。

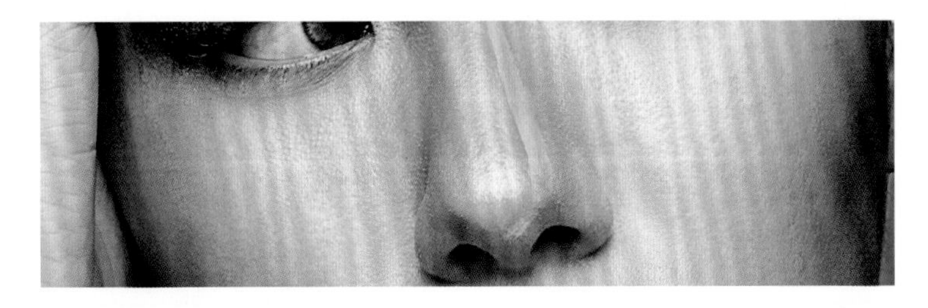

图 4-105

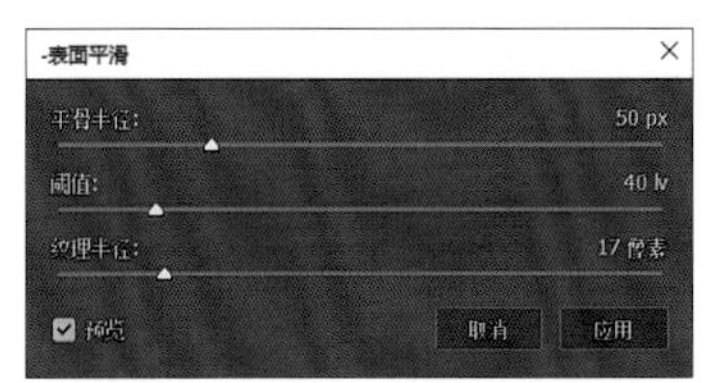

图 4-106

将需要的区域用白色画笔擦出，注意画笔流量的大小，这里设置为 100%，如图 4-107 所示。

图 4-107

肤色蒙版：该工具可以对画面进行局部调整。

以高光影调区域为例，选择“肤色蒙版”前面的“吸管工具”，在人物高光影调区域定三个取样点，如图 4-108 所示。

单击“肤色蒙版”按钮，这时会弹出“肤色蒙版”对话框，询问是以选区的形式载入，还是以调整图层的形式载入。这里选择以调整图层的形式载入，勾选“曲线”和“色彩平衡”两个复选框，如图 4-109 所示。

图 4-108

图 4-109

单击“创建调整图层（可多选）”按钮，“图层”面板中会出现一个组。在这个组中就可以对刚才定的高光影调区域进行单独的调整了，如曲线提亮，在色彩平衡中加暖色，如图 4-110 所示。

图 4-110

眼部修饰：该工具专门用于修饰眼睛。

选择“眼部修饰”按钮前面的矩形选框工具，然后在人物的眼睛处画一个选区，单击“眼部修饰”按钮，这时“图层”面板中会出现两个组，一个用于修饰眼白，另一个用于修饰瞳孔，如图 4-111 所示。

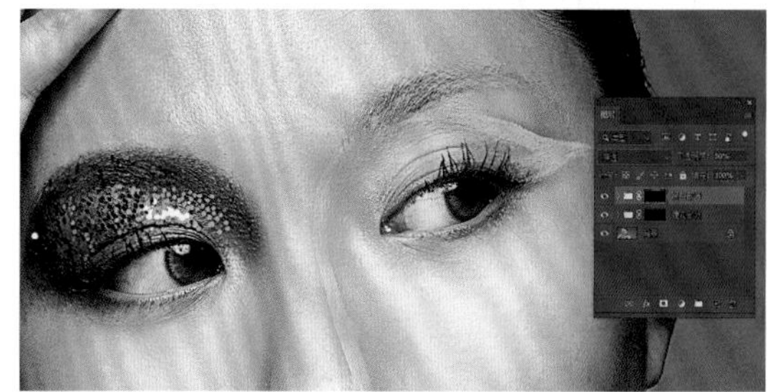

图 4-111

分别在两个组中用白色画笔将眼部擦出，画笔的流量可根据照片的需要进行选择，这里设置为 100%，如图 4-112 所示。

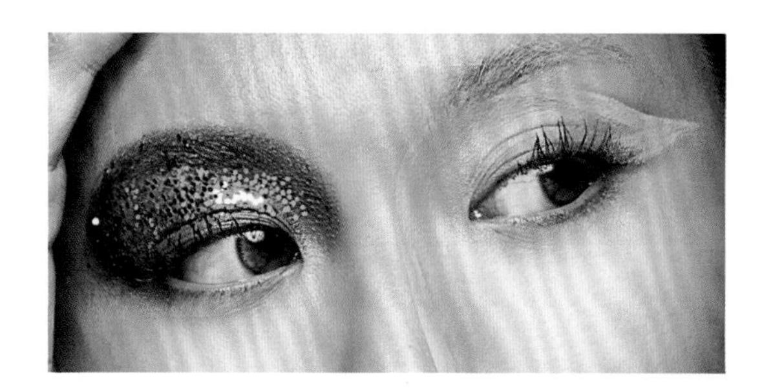

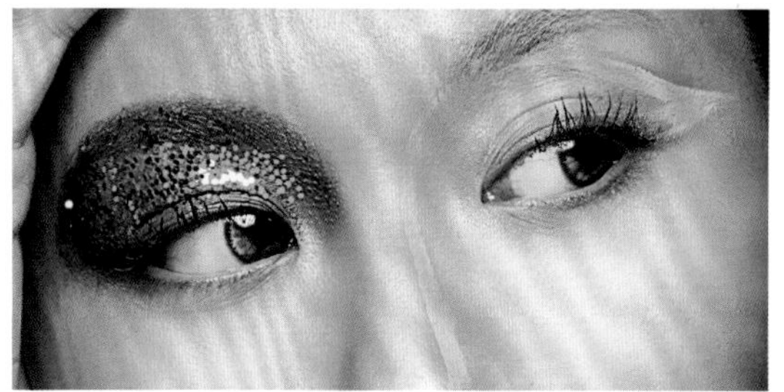

图 4-112

高低频：该命令用于自动快速生成高低频组，如图 4-113 所示。

在“色块 _ 模糊”图层上，用图章或画笔等工具将光影调均匀。

在“纹理 _ 仿制”图层上，可以用图章轻轻扫涂，从而在将光影调均匀的同时，保留细腻的质感。处理好后直接合并所有图层（快捷键 Ctrl+E）。

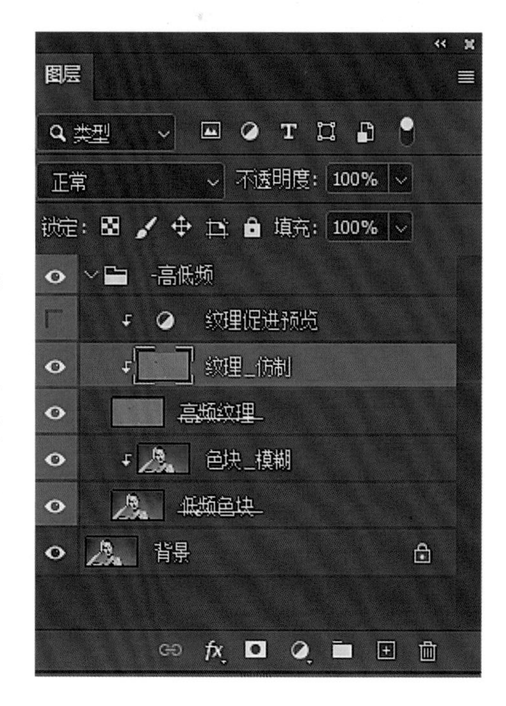

图 4-113

嘴唇增强：该命令用于加深唇色，类似为人物涂口红。

单击“嘴唇增强”按钮，“图层”面板中会出现一个组，用白色画笔将人物嘴巴擦出来，注意在擦的过程中不要擦得没有层次，如图 4-114 所示。

图 4-114

添加眼影：该命令用于为人物画眼影，如图 4-115 所示。

图 4-115

添加腮红：该命令用于为人物画腮红，与“添加眼影”的操作方法相同。

黄色校正：该命令可以去除人物身上的黄色，单击后直接在蒙版上擦去想要去除黄色的区域即可。

中性灰层：单击后会出现一个中性灰图层。

统一肤色：该命令用于统一整体肤色，单击“统一肤色”按钮后会弹出一个拾色器，询问是否要统一色彩。单击“确定”按钮后，会弹出一个“统一肤色”对话框，在此对话框中可以更改要统一肤色的色相、饱和度、亮度，如图 4-116 所示。

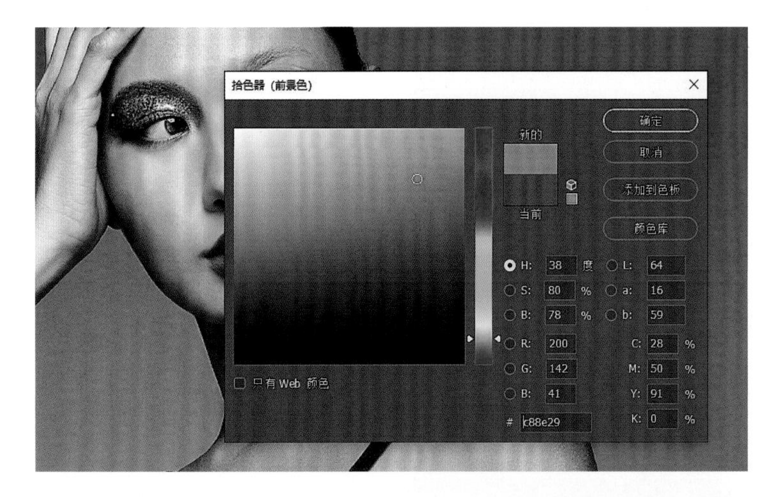

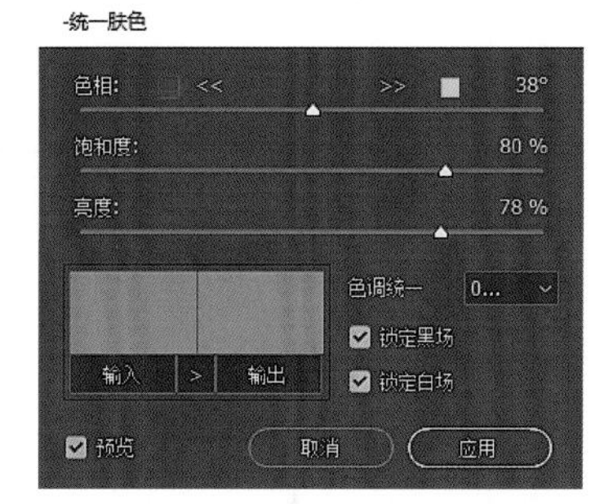

图 4-116

分频处理：该命令是高低频的另一种操作。

颜色覆盖与颜色混合用于修皮肤的颜色和光影，选取一种颜色，用“画笔工具”画肤。

高频层用“混合器画笔工具”或其他工具修好后，修改不透明度透出下面皮肤的纹理质感，如图 4-117 所示。

图 4-117

图 4-118

D/B 处理：等同于“双曲线磨皮”。

高光修护：该命令用于修改脸部过亮的区域，如图 4-118 所示。

图 4-119

美白皮肤：自动美白皮肤。

最后我们看一下原图与最终效果的对比，如图 4-119 所示。

第5章

百变色彩：

人像摄影后期调色风格与方法

5.1 人像摄影后期基础调色

5.1.1 案例：纯色背景人像调法

纯色背景人像是简约却不简单的一种拍摄风格，在调修的过程中很考验设计师对光影的把握。我们需要在简约的背景下将人物的立体感和质感细致地展现出来，在突出主体的同时，背景本身的色彩与光影也要美而不喧宾夺主。

原图中主体是一位活泼可爱的女孩，背景为红色，如图 5-1 所示。

修图要点

这种红色背景的照片一般有两种调修方式，一种是将色彩调得均匀、干净、平整，另一种是压暗四角，突出立体感。而人物的调修主要是让皮肤有质感且肤色通透、五官立体，将衣服光影调匀并保证不平面化、不发亮。

进入 Camera Raw 中进行初步调色，先用“去除薄雾”工具将照片压暗并去灰，如图 5-2 所示。

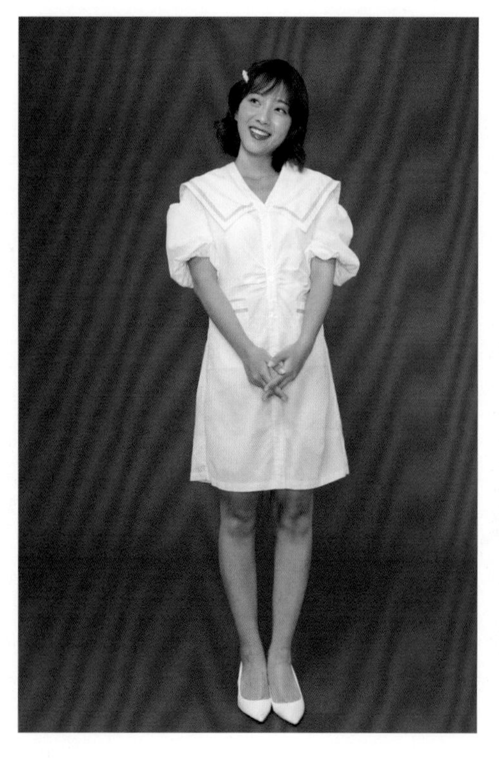

图 5-1

图 5-2

利用“蒙版”工具中的“径向渐变”，将背景四角压暗，使画面更有立体感，如图 5-3 所示。

进入“径向渐变”界面后，选择翻转蒙版区域，如图 5-4 所示。

图 5-3

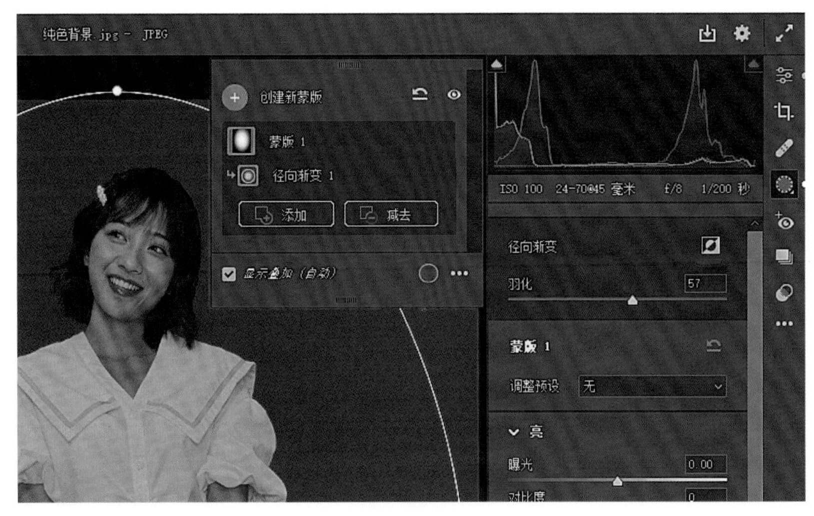

图 5-4

然后在画面中创建一个椭圆形的蒙版，调整好区域，压暗曝光。尽量保证人物脸部及身体中间较亮，如图 5-5 所示。

照片被压暗后，虽然整体光影立体感很好，但是人物肤色过暗、过黄。我们选择“混色器”属性中的橙色，将橙色的色相调为负值，使肤色偏向洋红色，再略微降低饱和度，使肤色更白皙，如图 5-6 所示。

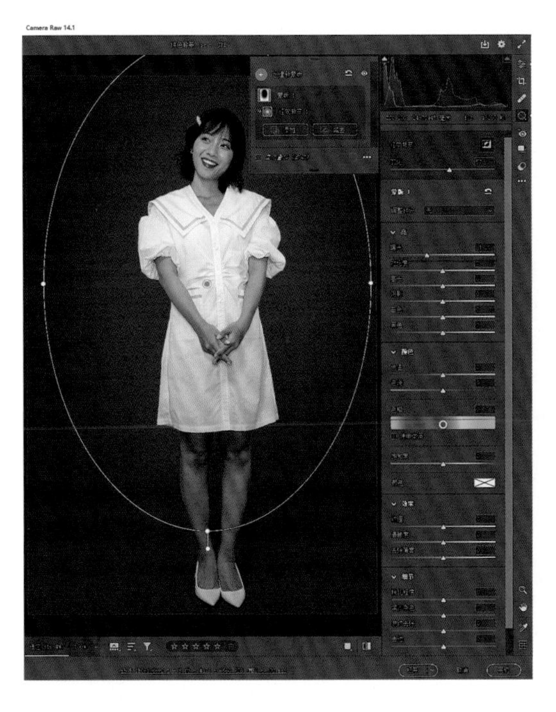

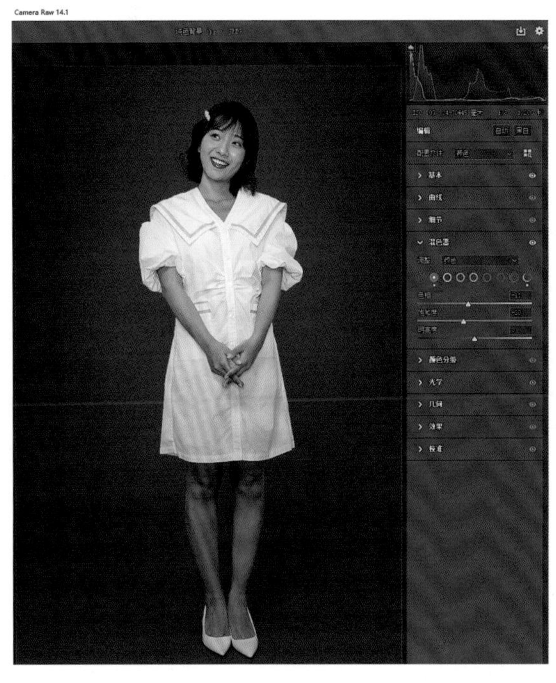

图 5-5

图 5-6

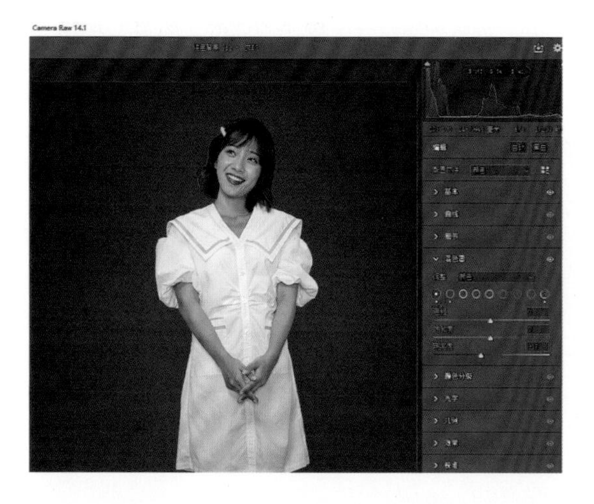

图 5-7

再选择红色，将其明亮度降低，这样做的目的是让背景色更加沉稳，且更好地突出主体人物，如图 5-7 所示。

回到“基本”属性中，将阴影略提亮，使画面显得透气不压抑。该操作主要是针对人物的光影结构，但因为是整体调整，所以背景必然也会受到影响，二者要兼顾，如图 5-8 所示。

为了使人物肤色更白皙，再次回到“混色器”属性中提高橙色的明亮度，如图 5-9 所示。

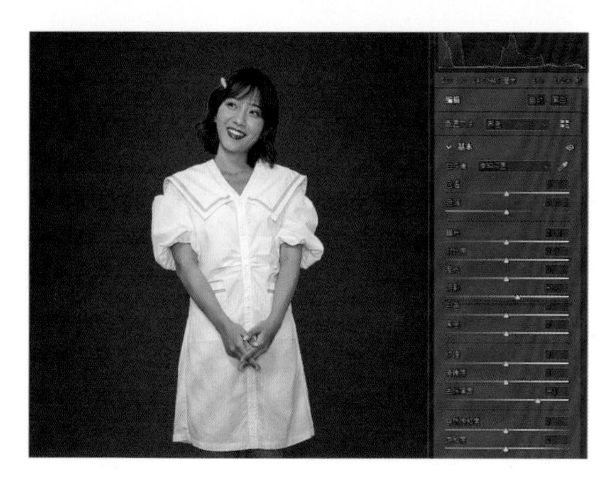

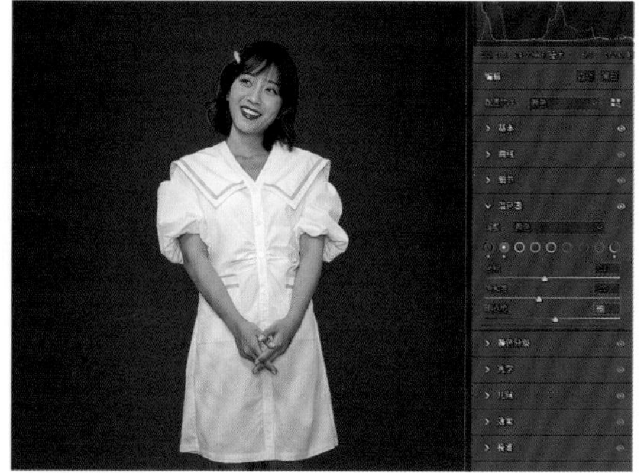

图 5-8　　图 5-9

我们来看一下调整前后的对比效果，如图 5-10 所示。

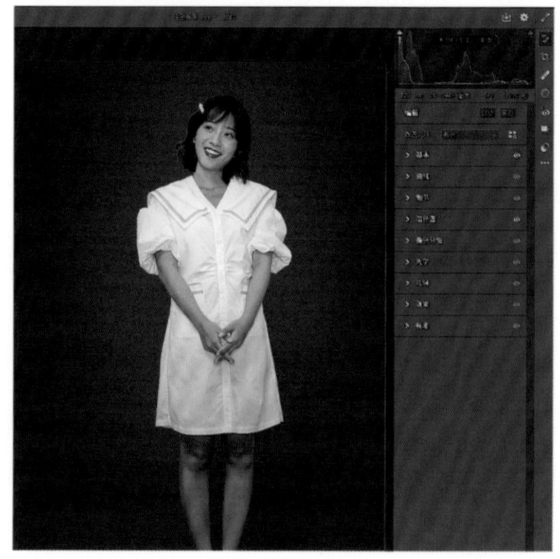

图 5-10

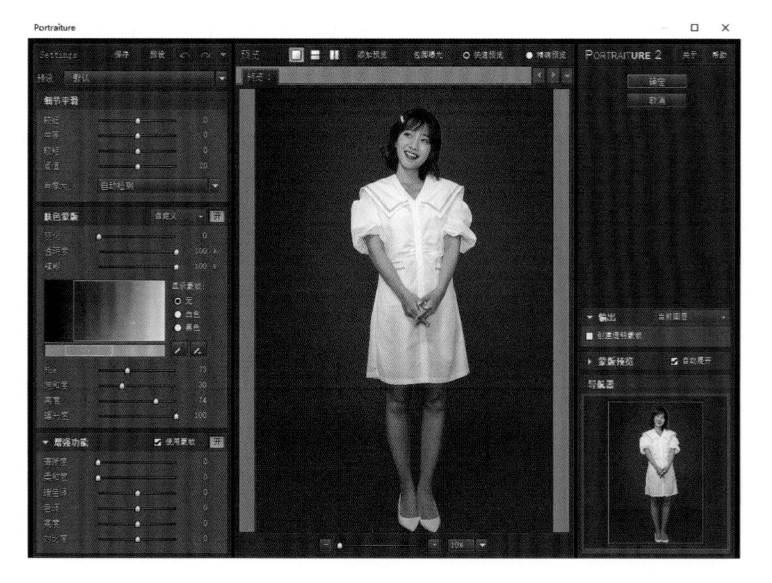

单击下方的“打开”按钮，回到 Photoshop 主界面中。用 Portraiture 为人物简单地磨皮，如图 5-11 所示。

图 5-11

观察人物的肤色，可以看到肤色依然暗且不透，主体不够突出，画面让人感觉很闷。按快捷键 Ctrl+Alt+2 选择高光影调区域，然后按快捷键 Ctrl+I 反选，再按快捷键 Ctrl+J 将非高光影调区域复制出来，如图 5-12 所示。

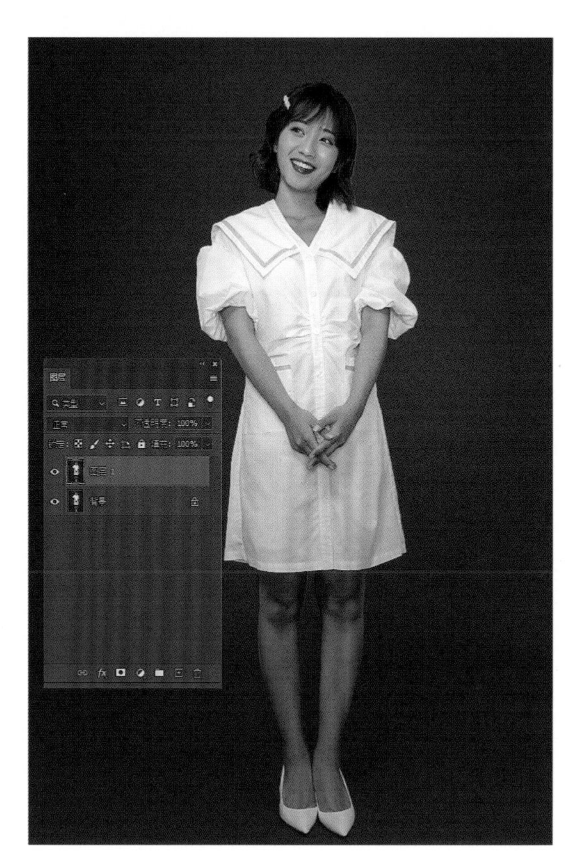

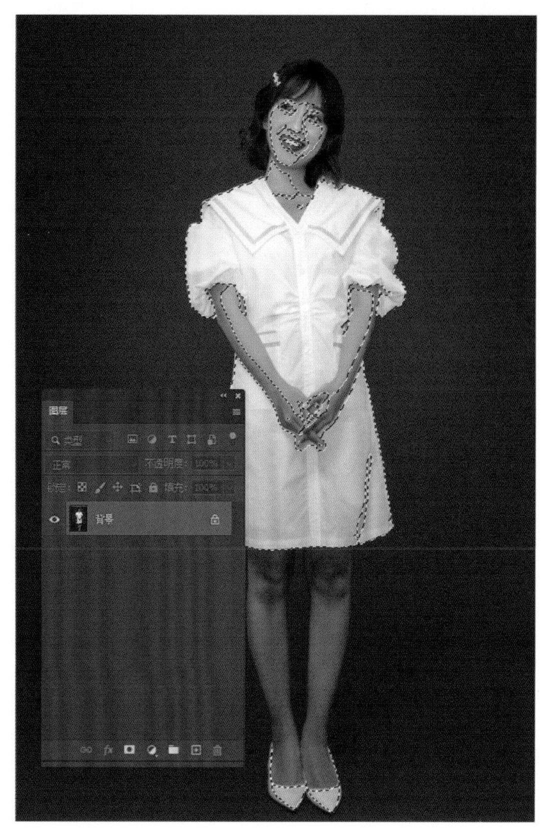

图 5-12

将复制出来的非高光影调区域的图层混合模式改为“滤色”，其目的是将非高光影调区域提亮。然后用曲线（快捷键 Ctrl+M）将画面压到合适的亮度，使人物整体光影层次分明、通透、立体、干净，如图 5-13 所示。

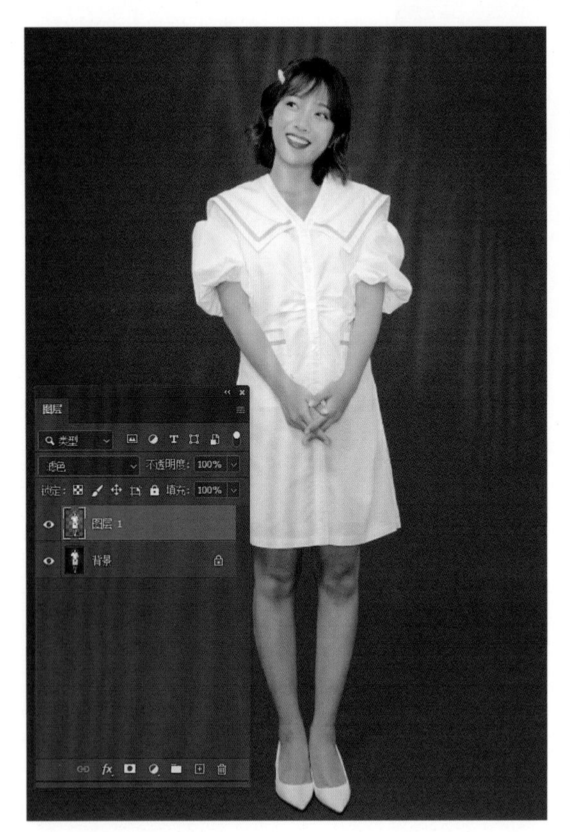

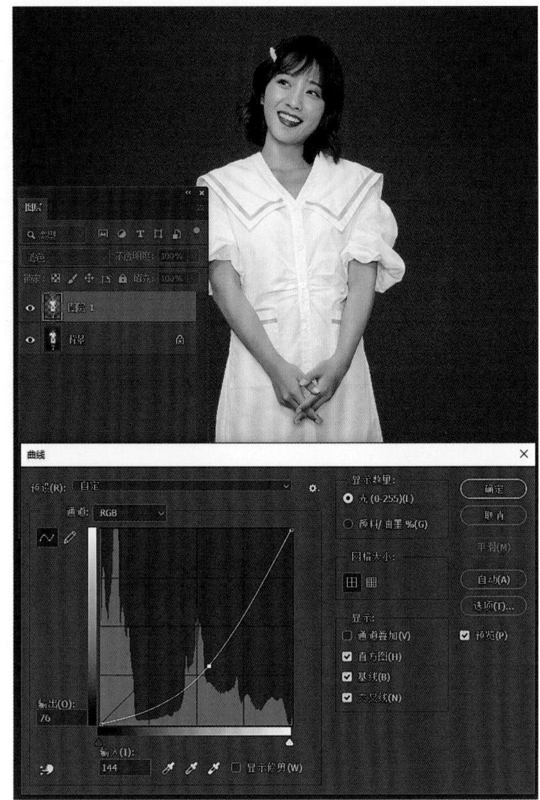

图 5-13

提亮后，虽然人物的效果很好，但是背景过亮，画面失去了空间感。添加一个黑色蒙版（按住 Alt 键单击蒙版），单独将人物擦出，如图 5-14 所示。

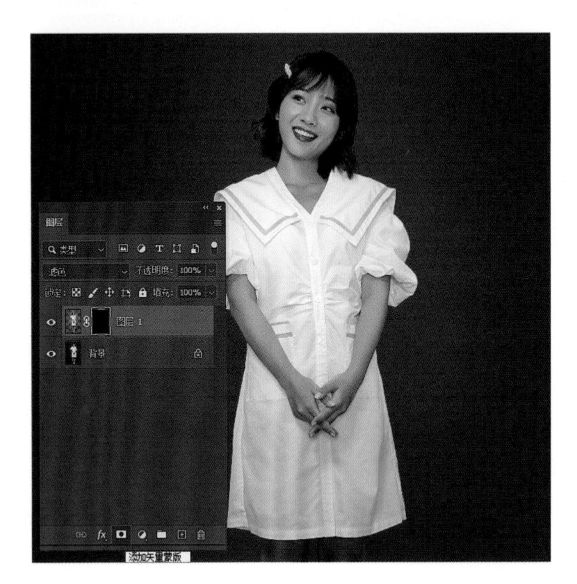

图 5-14

接下来对肤色细节进行调整，主要问题是腿部有阴影，膝盖及膝盖上方的肤色过暗且色彩过重，如图 5-15 所示。

利用画肤法，分别建立“颜色”层与“柔光”层，用“吸管工具”吸取较亮的肤色，将肤色画匀，如图 5-16 所示。

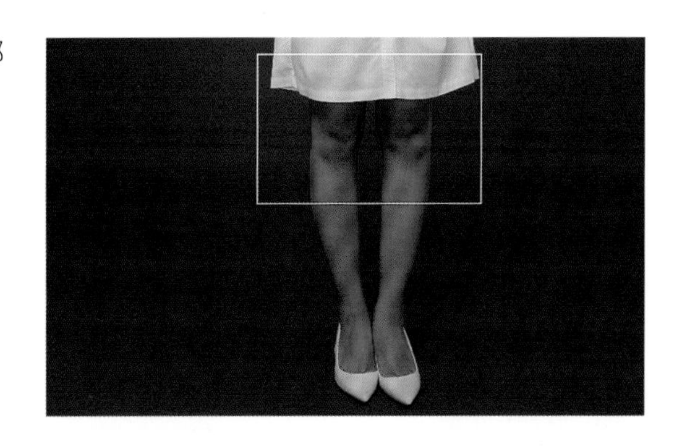

图 5-15

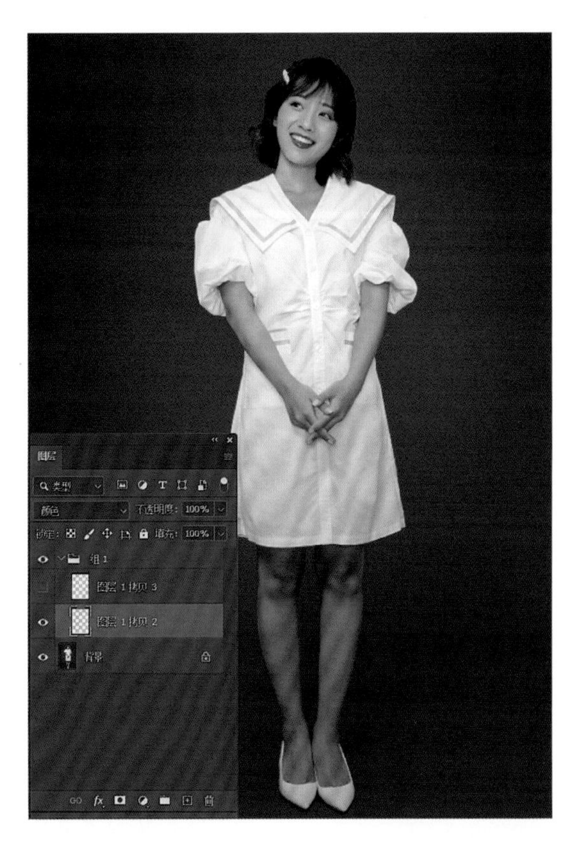

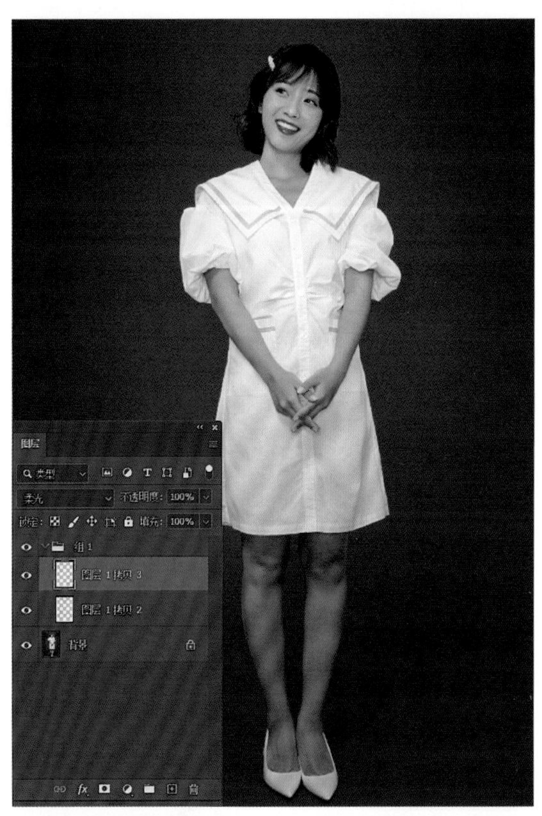

图 5-16

脸部和腿部肤色色差还是有些大，所以再次用“吸管工具”吸取偏黄的肤色，在“柔光”层为腿部画肤。画好后如果感觉还是有色差，可以直接在画肤的“柔光”层用“色相 / 饱和度”和“曲线”工具调整，如图 5-17 所示。

图 5-17

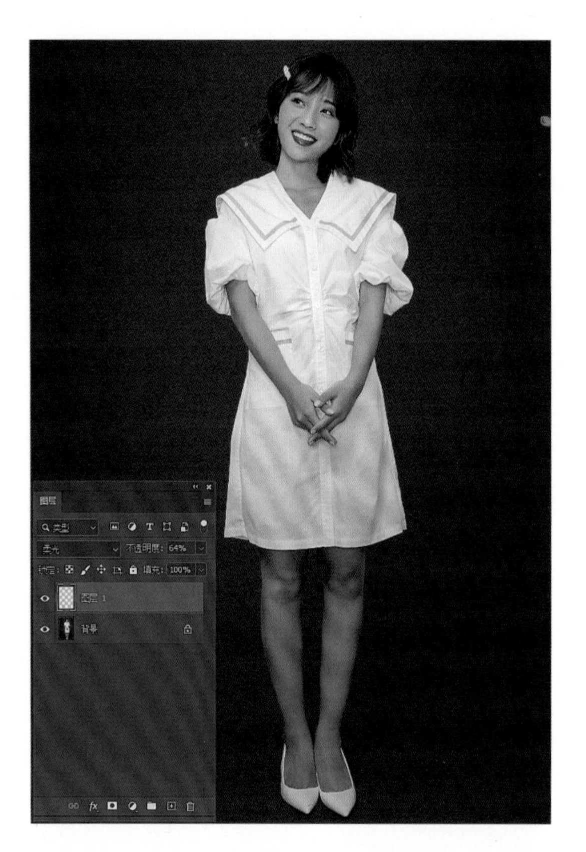

图 5-18

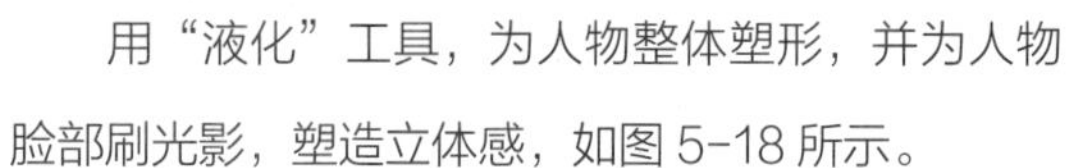

用“液化”工具，为人物整体塑形，并为人物脸部刷光影，塑造立体感，如图 5-18 所示。

最后看一下原图与效果图的对比，如图 5-19 所示。

课后思考

1. 纯色背景人像常见的两种调修方式是什么？
2. 调修纯色背景人像时对人物的要求有什么？
3. 局部肤色不匀问题应如何解决？

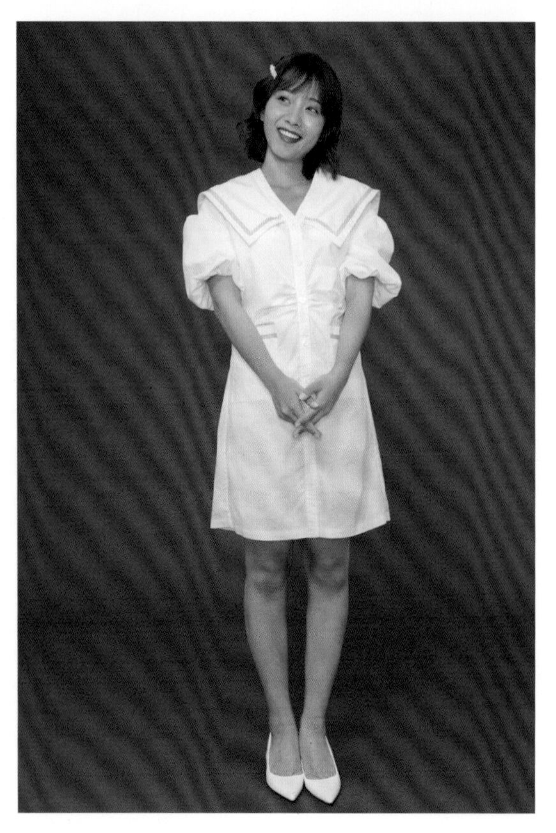

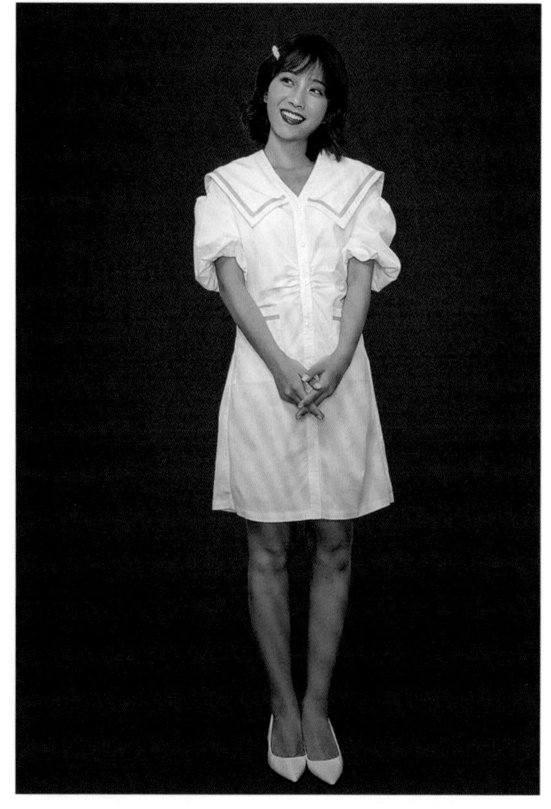

图 5-19

5.1.2 案例：电商人像风格调法

电商人像也是摄影中较为常见的一种拍摄风格。随着时代的发展，人们在网上购物成了常态，展示商品的照片成了销售中很重要的环节。对于摄影后期而言，调修出的照片的颜色和质感必须与产品相同，在此基础上还要突出产品的优势，以达到无论是销售方还是消费者方都能满意的效果。

如图 5-20 所示，原图主体是一位满载而归的时尚女性，需要突出的产品是其身上的服装。

图 5-20

修图要点

1. 画面的曝光有些亮，导致整体光影平且无质感。
2. 衣服有很多褶皱，且显得平面、过亮、不整洁。
3. 扣子上有线头。

我们需要将这些问题一一解决。修图的过程其实也是从发现问题到解决问题的过程，中间还要加入一些自己的想法和创意。但对于电商人像后期而言，要保证产品的真实性，加入创意后一定要保证产品是原形态。

进入 Camera Raw，用曲线工具将整体光影略压暗的同时增加一些对比度，如图 5-21 所示。

图 5-21

略微减少“红原色”的饱和度，使人物肤色更白皙，如图 5-22 所示。

图 5-22

增加“绿原色”与“蓝原色”的饱和度，使画面整体色彩更通透，并弥补因减少“红原色”饱和度而导致的肤色不健康的问题。这样调整后肤色是白里透红的，整体色调也舒服自然，如图 5-23 所示。

图 5-23

前面的调整使绿色的裙子颜色过深，为了展现出产品的色彩，在“混色器”属性中选择绿色，减少饱和度，提升明亮度，使裙子颜色变淡，如图 5-24 所示。

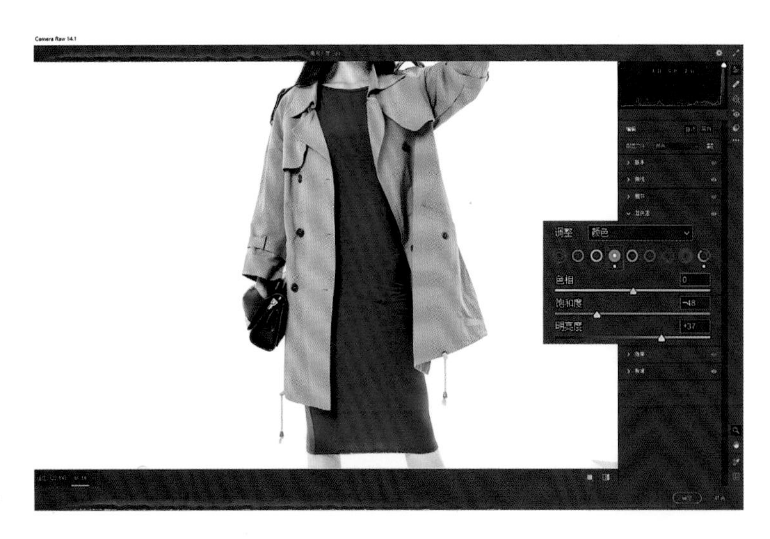

图 5-24

注意：当我们想让某一种颜色变淡时，如果仅减少饱和度，会使颜色闷、暗、脏，所以减少饱和度的同时要提升明亮度。

拍摄时，衣服可能会受到环境色的影响而产生偏色，为了演示偏色照片如何处理，我们将例图作为偏色照片处理。现在例图的问题是外套映上了太多绿色的环境色，所以需要更改绿色的色相使其偏黄，还原外套原本的色彩，如图 5-25 所示。

图 5-25

也许你会担心里面的裙子也跟着变色，别担心，裙子的颜色确实会受到影响，但裙子的颜色不单纯只由绿色构成，我们再调整青色找回一些原有色即可。

选择青色，更改色相使其偏冷，再提升明亮度，让裙子更亮、不沉闷，这样裙子的颜色就还原回来了，如图 5-26 所示。

图 5-26

在 Camera Raw 中的初步调整就完成了，我们来看一下对比效果，如图 5-27 所示。

图 5-27

单击“打开”按钮回到 Photoshop 主界面中。

图 5-28

先将外套上的褶皱勾掉。用“修补工具”将大部分褶皱勾掉，瑕疵面积较大的区域用“内容识别”修掉（快捷键 Shift+F5），扣子上的线头等瑕疵面积较小的区域用“仿制图章工具”修掉，如图 5-28 所示。

图 5-29

用 Portraiture 磨皮，主要目的是将修褶皱产生的衣服略花的区域修匀。为了不损失质感，再进行“高反差保留”，如图 5-29 所示。

用“液化”工具对衣服与人物整体塑形，如图 5-30 所示。

图 5-30

建立一个“柔光”层，刷出外套的立体感。在刷的过程中，根据外套本来的光影结构刷即可，如图 5-31 所示。

图 5-31

为了增加衣服的光泽度，复制一层，进行“高斯模糊”，然后将图层混合模式改为“柔光”，用蒙版将需要的区域在衣服上淡淡地擦出，如图 5-32 所示。

图 5-32

最后来看一下前后对比效果，如图 5-33 所示。

图 5-33

原图与最终效果的对比如图 5-34 所示。

图 5-34

课后思考

1. 将衣服修平整的步骤有哪些，在什么情况下分别用什么工具?
2. 修过褶皱后衣服整体光影杂乱，应该如何处理?
3. 为衣服刷光影时参考哪里的结构比较简单?

5.1.3 案例：复古色调的调法

复古色调有一种别具一格的美，没有很鲜亮、博人眼球的色彩，但却耐人寻味，经得起推敲。复古色调的形式有很多种，这里为大家展示的是较为常见的一种。

如图 5-35 所示，原图是较为常见的一种复古拍摄，图中有宽大的风衣、硕大复古的箱子与去往远方的铁路。

修图要点

我们要做的是将色调调整为怀旧的暖色，适当加一些颗粒质感，创造出老旧却很有味道的氛围。

打开照片，单击“滤镜”菜单下的 Camera Raw 滤镜，在“校准”属性中减少“绿原色”与“蓝原色”的饱和度，使画面色彩饱和度降低的同时，光影也变暗，让画面有一种稳重感，如图 5-36 所示。

图 5-35

图 5-36

更改“蓝原色”的色相，使画面偏洋红，再更改“红原色”的色相，使画面略微偏黄，为整体画面定一个暖调的基调，如图 5-37 所示。

选择“颜色分级”属性，分别在“高光”与“中间调”影调区域加黄色，使画面的暖调更浓郁。这样在不同的影调区域加色，既可以定色调，又可以有层次地将影调区域分开调整，如图 5-38 所示。

图 5-37

图 5-38

为了营造出复古怀旧的氛围，将“去除薄雾”调为负值，使画面的光影更柔和、舒服，如图 5-39 所示。

为了能在柔和的光影下不失质感，我们再将“纹理”与“清晰度”加大。注意调整清晰度时一定要谨慎，值太大对比会很强，影响照片效果，如图 5-40 所示。

图 5-39

图 5-40

在“效果”属性中增加颗粒，使画面更有老旧的质感。注意在应用时将照片放大查看效果，否则力度容易过大，影响出片效果，如图 5-41 所示。

略微增加对比度，为照片去灰，然后单击“确定”按钮，回到 Photoshop 主界面中，如图 5-42 所示。

图 5-41

图 5-42

大部分复古类型的照片都有一些柔焦的效果，以营造氛围。按快捷键 Ctrl+J 复制一层，执行“滤镜 > 模糊 > 高斯模糊”命令，将其图层混合模式改为“柔光”，如图 5-43 所示。

为了使画面光影层次更明显一些，选择高光影调区域（按快捷键 Ctrl+Alt+2），然后复制（快捷键 Ctrl+J），将其图层混合模式改为“滤色”，略微减小不透明度，如图 5-44 所示。

图 5-43

图 5-44

图 5-45

新建一个“柔光”层，为人物脸部刷光影，塑造立体感，如图 5-45 所示。

看一下原图与最终效果对比，如图 5-46 所示。

课后思考

1. 如何为照片快速定暖调?

2. 调复古色调前期减小饱和度的主要目的是什么?

3. 如何做出柔焦效果，它的作用是什么?

图 5-46

5.1.4 案例：古铜肤色的调法

古铜肤色是一种较深的肤色，给人健康阳光的感觉，一般用于时尚风格的摄影照片，因为这种肤色具有张力，更能体现个性与力量。古铜肤色在商业广告人像中也较为常见。

一般调古铜肤色也有符合这种风格的原片，如小清新类的人像照片就不太适合调成古铜肤色，如果硬调出来，会给人一种不和谐的感觉。

我们来看例图，原图立体感较强，颜色沉稳，很适合调整古铜肤色，如图 5-47 所示。

在“滤镜”菜单下选择“Camera Raw 滤镜”，先将“校准”属性中“绿原色”和“蓝原色”的饱和度减小一些，其目的是使画面色彩与光影都更沉稳干净。再将“红原色”的饱和度加大，弥补因减小另两种原色饱和度导致的缺色现象，如图 5-48 所示。

图 5-47

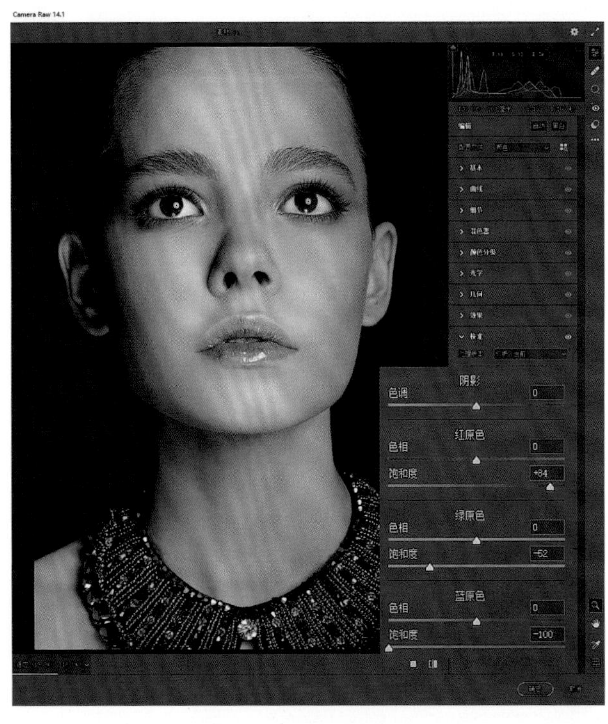

图 5-48

选择曲线，分别在不同的影调区域压暗光影，压暗的同时注意略加大一些对比度，使画面暗但不闷，如图 5-49 所示。

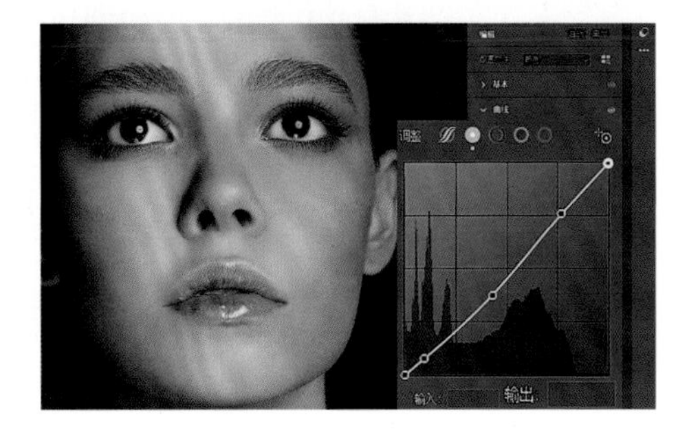

图 5-49

在高光影调区域加一些“洋红色”与“黄色”，因为之前加大了对比度，高光影调区域变亮的同时会有缺色的感觉，并且古铜肤色本身也偏暖调，所以我们需要在高光影调区域加一些暖色，如图 5-50 所示。

图 5-50

为了使人物质感更强，在“基本”属性中加大一些“纹理”，然后提亮“黑色”，使阴影影调区域有透气感。然后单击“确定”按钮，回到 Photoshop 主界面中，如图 5-51 所示。

回到主界面后先为人物磨皮，值为默认，如图 5-52 所示。

图 5-51

图 5-52

选择“色相/饱和度”工具(快捷键 Ctrl+B),选择“红色”,将色相滑块向右拖曳,使肤色偏黄,如图 5-53 所示。

按快捷键 Ctrl+Alt+2 选择高光影调区域，再按快捷键 Ctrl+J 将高光影调区域复制一层，然后进行“高斯模糊”，图层混合模式为“柔光”。这样做的目的是在加大对比度去灰的同时，使高光影调区域更立体、有光泽，画面整体犹如黑珍珠般亮却不刺眼，如图 5-54 所示。

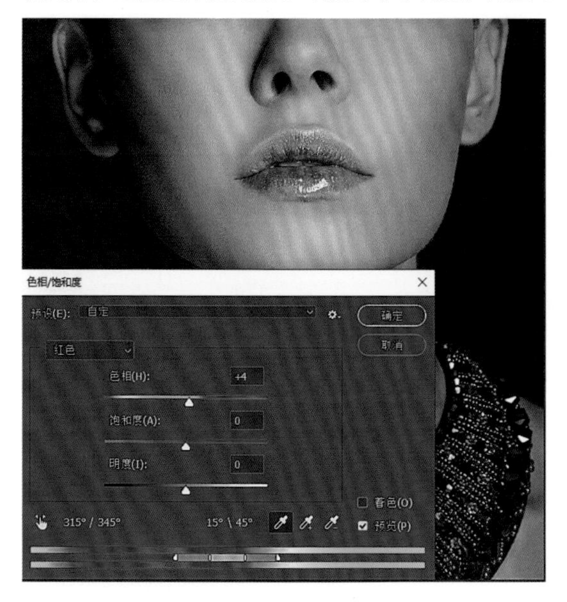

图 5-53

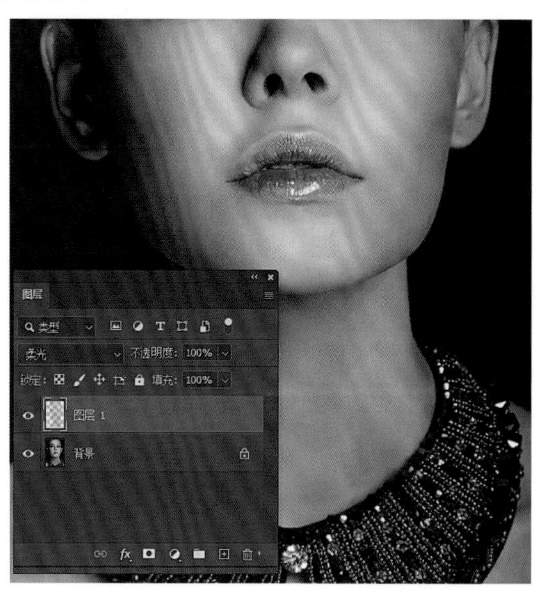

图 5-54

为了使高光影调区域过渡均匀，新建一个“颜色”层，用“吸管工具”吸取较暗的肤色，再用“画笔工具”在人物高光影调区域画一些肤色，如图 5-55 所示。

打开 DR5 插件，用“快速智能修图”工具将人物皮肤光影调均匀，使皮肤更干净，如图 5-56 所示。

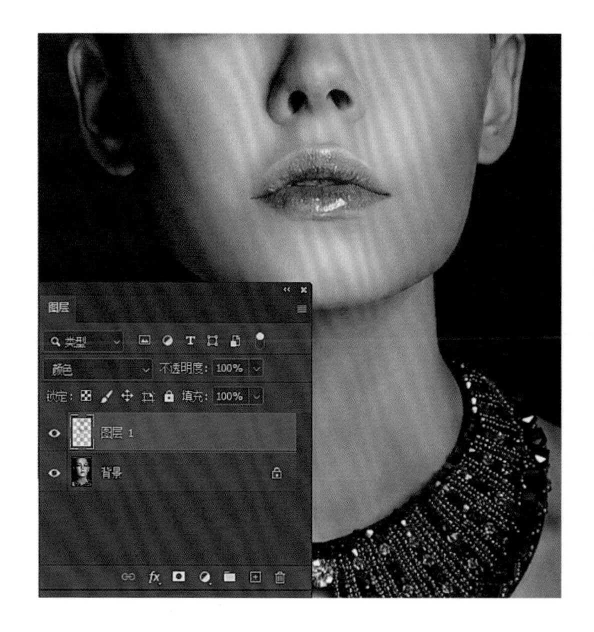

图 5-55

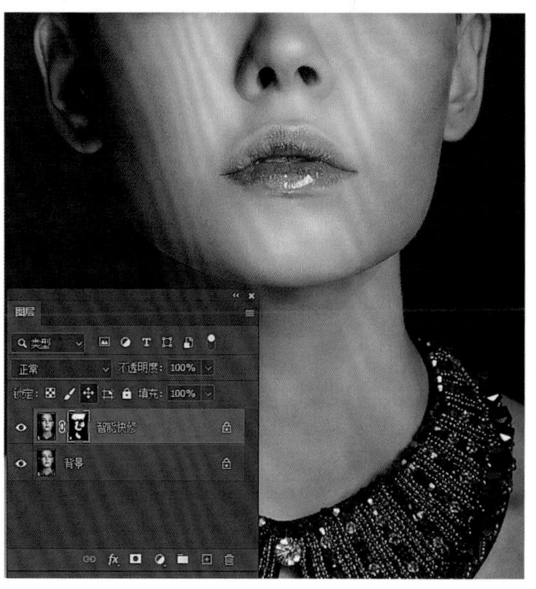

图 5-56

按快捷键 Ctrl+Alt+2 选择高光影调区域，然后按快捷键 Ctrl+Shift+I 反选，再按快捷键 Ctrl+J 复制，对复制出来的图层进行“高斯模糊”，将图层混合模式改为“柔光”，使画面整体对比更强。此时对比有些过强，可以利用“蒙版”工具将部分效果减弱，使背景的“柔光”效果大于人物的“柔光”效果。如图 5-57 所示。

新建一个“柔光”层为人物刷光影，塑造立体感，如图 5-58 所示。

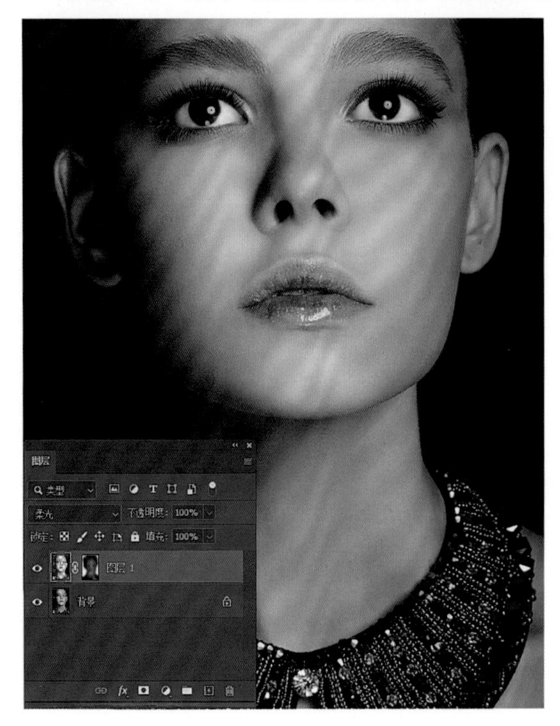

图 5-57

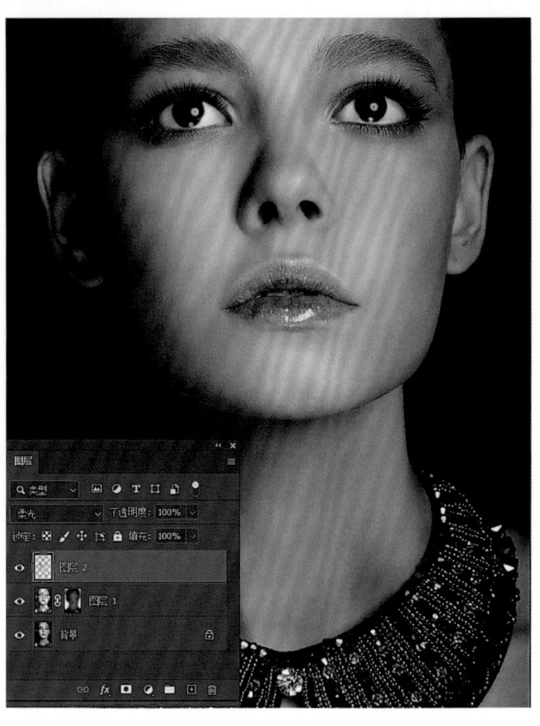

图 5-58

按快捷键 Ctrl+E 合并所有图层，然后复制一层，为人物做“高反差保留”增强质感，如图 5-59 所示。

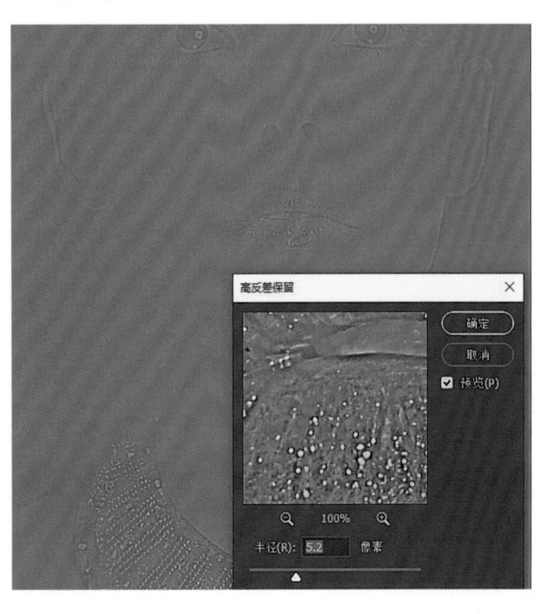

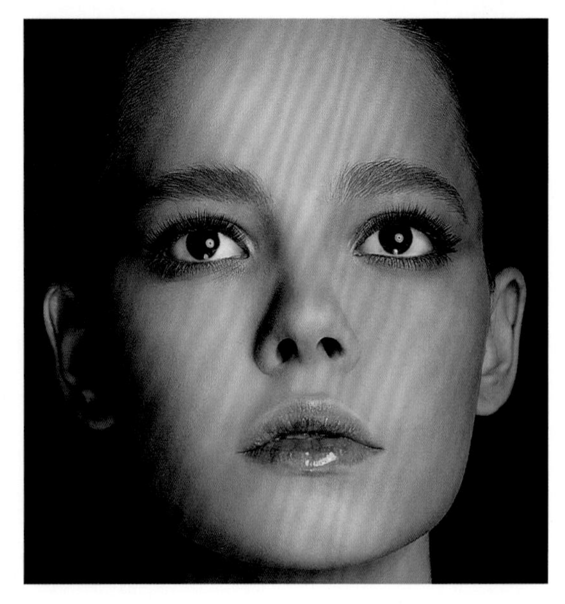

图 5-59

最后来看一下对比效果，如图 5-60 所示。

图 5-60

课后思考

1. 古铜肤色的特点是什么?
2. 在调古铜肤色时为什么要先减小一些饱和度?
3. 如果要做出既能突显立体感，又很有光感的效果，应该选择什么操作方法?

5.1.5 案例：冷调的调法

图 5-61

冷调在人像摄影后期中常被应用，配合不同的光影与主题，可以呈现出清新、冷艳、压抑等感觉。冷调不局限于某种摄影类型，但多出现于写真类作品。

原图是一幅纯色室内摄影作品，整体干净舒服，但是光影不透，肤色暖、闷，如图 5-61 所示。

修图要点

这类照片一般有两种调修风格，一种是保留原始照片的色调，将照片调得干净舒服即可；另一种是改变原始照片的色调，根据作者的需要创作出不同风格的色调。

单击“滤镜”菜单下的“Camera Raw 滤镜”，来到 Camera Raw 界面中，如图 5-62 所示。

展开“颜色分级”属性，在高光影调区域中加一些青蓝色，使整个画面的环境色变为冷色。因为不管是人物还是背景，都有高光影调区域，所以这一步既可以定色调，也可以统一色调，如图 5-63 所示。

滤镜(T) 3D(D) 视图(V) 窗口(W) 帮助(H)	
上次滤镜操作(F)	Alt+Ctrl+F
转换为智能滤镜(S)	
Neural Filters...	
滤镜库(G)...	
自适应广角(A)...	Alt+Shift+Ctrl+A
Camera Raw 滤镜(C)...	Shift+Ctrl+A
镜头校正(R)...	Shift+Ctrl+R
液化(L)...	Shift+Ctrl+X
消失点(V)...	Alt+Ctrl+V

图 5-62

图 5-63

压暗高光影调区域，使画面整体均匀柔和，光影和色调都更加和谐，但画面影调会变灰，后面我们会用其他工具解决该问题。从这里可以看出，每一步的调整未必都完全是优化，有时也会带来一些问题，我们只要有把握后续可以解决这些问题就好。

“颜色分级”视图也可以切换到单项模式，图标更大，更好操作，如图 5-64 所示。

选择“曲线”，将画面略压暗并去灰，将白色压暗会使画面有对比的同时不失柔和。然后选择蓝通道，在高光影调区域加一些蓝色，统一整体色调，如图 5-65 所示。

图 5-64

图 5-65

这时我们会发现虽然对色调做了统一的调整，但是照片的细节还是很糟糕，尤其是人物肤色极其不匀。接下来单击“确定”按钮回到 Photoshop 主界面中，新建一个“颜色”层，画匀肤色，如图 5-66 所示。

图 5-66

为了提升皮肤光泽度，再在“柔光”层画一遍肤，如图 5-67 所示。

最后用“减淡工具”为画面刷两道光影，增加层次感和氛围，如图 5-68 所示。

图 5-67

图 5-68

最后来看一下对比效果，如图 5-69 所示。

图 5-69

课后思考

1. 为纯白色背景调冷调定基调时，用什么工具比较快捷?
2. 为什么要统一色调?
3. 画肤时为什么要用两种手法?

5.2 小清新摄影后期色调的调法

5.2.1 案例：日系风格的调法

日系风格可以划分为小清新风格中的一种，它的表现很自然、平和、写意，是可以将生活展现得柔和、温暖的一种风格，多用于写真拍摄。日系风格在色调的表现上冷暖色调都很常见，但在影调的表现上是偏灰的，这样更能展现出柔美、阳光的感觉。

图 5-70

原图是一张甜美的女孩写真，色调为暖黄但是略闷，影调曝光正常，美中不足的是缺乏氛围感，如图 5-70 所示。

修图要点

我们可以想象一下，夏天炎热的午后，屋内阳光充足，女孩拿着清凉酸甜的葡萄惬意享受的画面。修图时可以先从画面整体闷黄的问题下手。

图 5-71

将曝光提亮，解决画面暗、闷的问题，如图 5-71 所示。

调整白平衡，使“色温”偏蓝，“色调”偏绿，解决画面脏、黄的问题，如图 5-72 所示。

图 5-72

展开“校准”属性，略微减小“绿原色”的饱和度，这样做的目的是使画面色彩更淡雅，肤色更白皙干净，但是会使画面缺乏生命力，看起来干、灰，如图 5-73 所示。

图 5-73

增加“蓝原色”的饱和度，弥补因减小“绿原色”的饱和度带来的问题，使画面整体通透润泽，自然舒服，如图 5-74 所示。

图 5-74

图 5-75

用曲线工具调整画面光影，略微加大对比度的同时提亮画面，如图 5-75 所示。

图 5-76

画面中的高光影调区域有些亮，导致某些区域有些突兀，喧宾夺主。回到“基本”属性中，压暗高光，使后面的墙壁及门的亮度降低，让画面整体光影更加和谐，如图 5-76 所示。

图 5-77

此时观察人物的肤色，为了使皮肤更透，主体更突出，展开“混合器”面板，选择橙色，更改橙色的色相，使肤色略偏黄。一般偏红与偏黄的肤色相比，后者在视觉上更透亮一些，如图 5-77 所示。

单击“确定”按钮，回到Photoshop主界面中，然后进行磨皮，如图5-78所示。

图 5-78

用“可选颜色”工具选择“白色”，然后压暗。因为这时背景中没有很亮的区域，人物自然会被突出，如图5-79所示。

图 5-79

选择“色相饱和度”工具，减小“青色”和“蓝色”的饱和度，去除黑发上的环境色，如图5-80所示。

图 5-80

新建一个白色图层，将不透明度改为4%，制作出亮、柔的效果。该操作的变化比较微妙，大家在练习时，可先将值调大，感受到明显效果后，再调回适当的值，如图5-81所示。

图5-81

使用“高反差保留”提升画面质感，如图5-82所示。

图5-82

新建一个“柔光”层，为人物脸部刷光影，塑造立体感，如图5-83所示。

图5-83

最后看一下对比效果，如图 5-84 所示。

图 5-84

课后思考

1. 日系风格的特点是什么?
2. 想使画面整体淡雅柔和，肤色干净，应该用哪些工具处理?
3. 营造柔和氛围的快捷方法是什么?

5.2.2 案例：甜美风格的调法

在小清新风格摄影中，甜美风格是非常常见的，这种风格的受众群体大多是年轻的女孩们，甜美风格最适合展现她们青春可爱的模样。对于摄影后期而言，甜美风格的色调一定是明快、不压抑的。

图 5-85

原图是一张青春可爱的女孩人像，如图 5-85 所示。

修图要点

画面整体影调偏灰，色调偏黄，显得很闷，修图时可以先从这两方面下手。背景主色调由黄、绿、红构成，将背景调通透、去灰的同时，肤色自然也会好看很多。

图 5-86

单击“滤镜”菜单下的“Camera Raw 滤镜”，在“基本”面板中加大“对比度”，为照片整体去灰，如图 5-86 所示。

将“色温”滑块向左拖曳，为照片整体去黄，使画面清爽通透，如图 5-87 所示。

图 5-87

观察画面，虽然经过上述操作已经干净了很多，但整体太平，没有层次感，不够立体。将“去除薄雾”加大，可以在去灰的同时压暗画面，增强立体感，如图 5-88 所示。

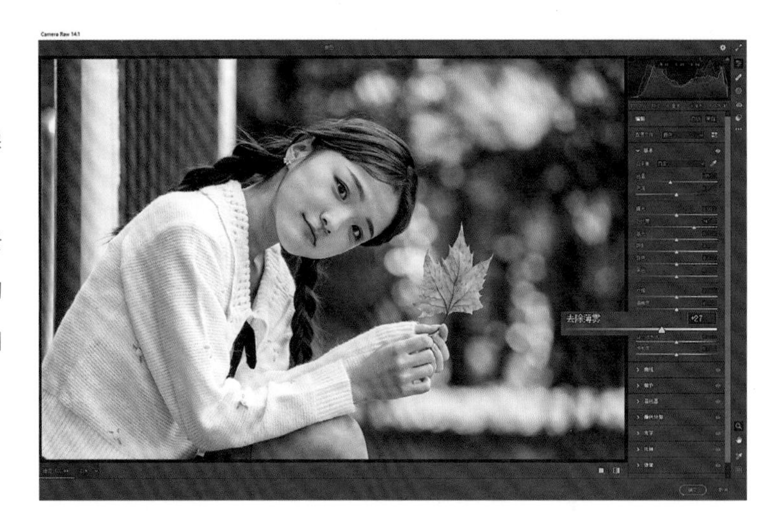

图 5-88

将“黑色”与“阴影”略微加大，使影调有透气感，如图 5-89 所示。

图 5-89

图 5-90

这时我们再将饱和度加大，使色调更润，画面不灰，因为调整的力度不大，所以调整“自然饱和度”即可，如图 5-90 所示。

图 5-91

在加大整体饱和度时，要注意画面中的一些环境色，它们不能过重，否则会破坏画面的美感。比如人物头发上有蓝色环境色，就应该去掉。展开“混色器”属性，将蓝色的饱和度减小一些，注意调整幅度不要过大，因为这里的环境色很可能会变成黑白，会出现断层的现象，色彩会显得花，如图 5-91 所示。

图 5-92

选择橙色调肤色，先加大明亮度使皮肤更白皙干净，再调整橙色的色相，稍微去红使肤色偏黄，皮肤会更通透，如图 5-92 所示。

再调背景色。选择绿色，将绿色的明亮度加大，这样画面整体会更透气，背景中的透光点也会更明亮，画面层次感会更强，氛围也会更好，如图 5-93 所示。

图 5-93

展开“校准”属性，更改“红原色”的色相，使整体色调偏黄。这样做一是为了让后面的红色柱子不会太刺眼，以免喧宾夺主，二是为了让画面整体环境色统一、不杂乱，三是为了让画面看起来阳光更充足，如图 5-94 所示。

图 5-94

再将“蓝原色”的饱和度加大，画面整体色彩会更饱满，显得层次分明，又润又透，如图 5-95 所示。

图 5-95

图 5-96

展开“混色器”属性，将黄色的明亮度加大，这样植物透光会更明显，无论是背景中的光点，还是人物手中拿着的枫叶都会更透，再次提升了画面的透气感，如图 5-96 所示。

图 5-97

人物的白毛衣上有一些紫色的环境色，大家一定要注意将画面中不该有的杂色和环境色去掉，保持色彩干净。选择紫色，将其饱和度降低一些，如图 5-97 所示。

图 5-98

单击“确定”按钮，回到 Photoshop 主界面中，先整体用 Portraiture 磨皮，然后用“修补工具”勾掉人物的颈纹，如图 5-98 所示。

用“快速蒙版”在人物的脖子、手背、人中、腿部画出选区，然后用“可选颜色”工具选择“黄色”，减少黄色、黑色，将肤色去黄提亮，调匀肤色，如图 5-99 所示。

图 5-99

新建一个“柔光”层，用前面学过的画肤法，将人中、手背再画亮一些，然后按快捷键 Ctrl+E 合并所有图层，如图 5-100 所示。

图 5-100

我们来看一下原图与调整之后效果的对比，如图 5-101 所示。

图 5-101

课后思考

1. 为什么“去除薄雾”功能在去灰时可以增加层次感？
2. 调色时为什么要先分析画面的主色调？
3. 如何区分哪些颜色是不应该有的环境色？
4. 画面的通透程度是否只由明亮度决定？

5.2.3 案例：青春校园风格的调法

图 5-102

校园生活是美好的，在记录青春的相册里，校园留影也是必不可少的，拍摄地点可以是教室、操场等校园的各个角落，如图 5-102 所示。在后期调修的过程中，色调需要根据拍摄环境来决定，但最主要的是突出阳光向上的感觉。

修图要点

原图拍摄地点是教室，光影偏暗但层次感很好，色调偏黄，画面有些闷、脏。这类靠窗拍摄的照片，要尽量使光影明媚一些，让更多的光透进来，窗外最好不要出现过多元素，否则视觉上会很拥挤，不开阔。

图 5-103

单击“滤镜”菜单下的“Camera Raw 滤镜”，先将整体曝光提亮，如图 5-103 所示。

把色温调为偏蓝，去除画面中的闷黄，使画面更清爽干净，注意，这里的去黄不等于降低了黄色的饱和度，如图 5-104 所示。

图 5-104

加大对比度，为照片去灰，使照片光影更通透，如图 5-105 所示。

图 5-105

选择“颜色分级”属性，在高光影调区域加一些青色，让白衣服、窗户、桌子、书本等更加干净，人物皮肤也更通透水润，如图 5-106 所示。

图 5-106

图 5-107

选择“校准”属性，将“蓝原色”的饱和度加大，使画面更润、更透，如图 5-107 所示。

单击“确定”按钮回到 Photoshop 主界面中，用“减淡工具”将窗户刷亮。这样做的目的有两个，一是将窗外建筑物淡化，使画面视野更开阔；二是制作出更多的光进来的视觉效果，提升氛围，如图 5-108 所示。

图 5-108

这时观察照片中的窗帘，还是有些暗且闷，选择高光影调区域（快捷键 Ctrl+Alt+2），然后反选（快捷键 Shift+Ctrl+I），再将选中的非高光影调区域复制出来（快捷键 Ctrl+J），并进行“高斯模糊”，将图层混合模式改为“滤色”。这时画面会变得很亮，按住 Alt 键的同时单击“添加图层蒙版”，为其添加一个黑色图层蒙版，然后用“由黑到透明的渐变”填充，让窗帘变亮，如图 5-109 所示。

图 5-109

这时观察人物的额头、手心，这些阴影影调区域有些过红，用“可选颜色”工具选择红色，加青色使红色弱化，再将黑色滑块向左拖曳提亮红色，这样肤色就会被调得均匀且柔亮，如图 5-110 所示。

图 5-110

为了提升氛围感，将照片复制一层，进行“高斯模糊”，将图层混合模式改为“柔光”。添加一个图层蒙版，调整效果过度的地方，再整体降低一些不透明度，画面中便产生了柔焦的效果，如图 5-111 所示。

图 5-111

盖印一层（快捷键 Ctrl+Shift+Alt+E），进行“高反差保留”，提升照片质感，如图 5-112 所示。

对人物稍微液化塑形，如图 5-113 所示。

图 5-112

图 5-113

我们来看一下原图与最终效果对比，如图 5-114 所示。

图 5-114

课后思考

1. 靠窗的照片在调修时要注意什么？

2. 如何营造阳光明媚的氛围？

3. 如何制作柔焦效果？

5.2.4 案例：田园唯美风格的调法

田园唯美风格是最接近美好自然生活的拍摄风格，它记录着勤劳的人们在大自然中播种和收获的喜悦。原图是一张偏暗调的照片，照片中的姑娘似乎刚刚忙完农活，正坐在草地上休息，如图 5-115 所示。

图 5-115

修图要点

照片中人物表情恬淡满足，略微仰头看向远方，整体氛围唯美舒服。在调修的过程中，我们尽量保留原有暗调的美，在此基础之上，将色调略微调暖但不要显得压抑，在突出主体的同时保证画面和谐。

单击"滤镜"菜单下的"Camera Raw 滤镜"，选择"曲线"属性，将画面光影整体略微提亮，注意这里的提亮并不是将暗调调为亮调，而是在保留暗调美的同时使人物能够看得清，并且为画面去灰，如图 5-116 所示。

选择蓝通道，在阴影影调区域加蓝色，使画面褪去一些闷黄，如图 5-117 所示。

图 5-116

图 5-117

图 5-118

选择绿通道，在中间调加一些绿色，去除一些洋红色，使人物脸部干净不闷红，草地色彩更绿，氛围更干净，如图 5-118 所示。

图 5-119

单击“确定”按钮，回到 Photoshop 主界面中，用“色彩平衡”工具为不同的影调调色。首先，选择“中间调”加一些红色、洋红、黄色，使画面局部变暖，主要体现在人物肤色、后面树木的树干，以及木屋和部分草地上，让画面整体色彩饱满、丰富、不单薄，如图 5-119 所示。

图 5-120

为“高光”加一些冷色（青色、蓝色），使人物主体更突出，树木后方透出的天空更干净，画面更通透，该操作带来的问题是人物脸部高光过冷，导致肤色不匀，后面我们用画肤法调整即可，如图 5-120 所示。

为“阴影”加一些暖色（红色、黄色），主要作用区域是背景中的树木和木屋，以及部分人物和草地，让画面形成鲜明的冷暖对比，层次更加丰富，如图 5-121 所示。

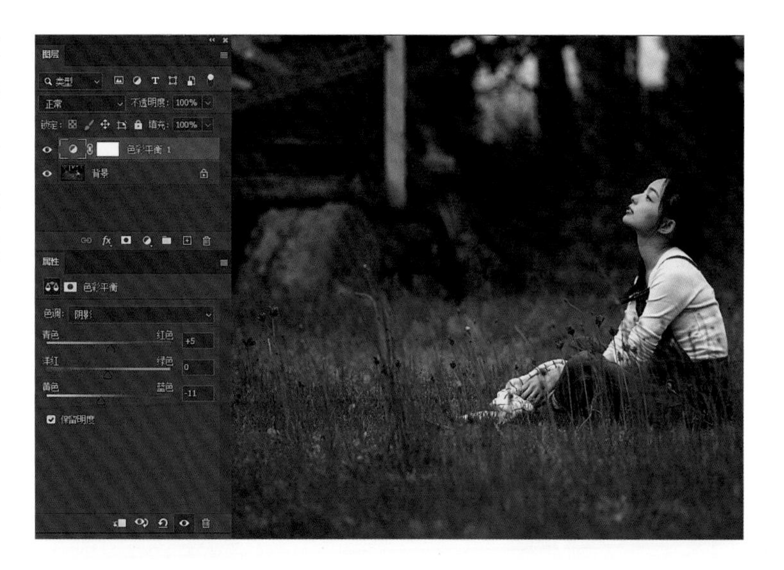

图 5-121

我们来看看为三个不同影调调色的效果对比，在调修的过程中并不是一定要调三个影调，根据照片的需要进行选择即可，如图 5-122 所示。

图 5-122

图 5-123

新建一个“颜色”层，用前面学过的画肤法，将脸部高光影调肤色画匀，如图 5-123 所示。

图 5-124

在调整图层中选择曲线，将高光压暗，用蒙版工具将人物擦出。这一步的目的主要是将背景压暗，因为背景中元素较多，无论是树木还是木屋的木板，都略显杂乱。将背景压暗既可以使画面不杂乱，又可以突出人物。

注意曲线压暗的影调区域是最亮的影调区域，这样可以在压暗的同时提升灰度，使画面影调柔和，如图 5-124 所示。

图 5-125

将人物的颈纹美化一下，在磨皮修肤的同时，用“柔光”层刷光影，让人物脸部更饱满、更有立体感，如图 5-125 所示。

选择高光影调区域（快捷键 Ctrl+ Alt+2）并复制（快捷键 Ctrl+J），进行“高斯模糊”，将图层混合模式改为“柔光”，为画面做出淡淡的柔焦效果，如图 5-126 所示。

图 5-126

为了保留质感，再进行“高反差保留”，如图 5-127 所示。

图 5-127

用 DR5 在画面上方添加一些暖光，可以选择“光效 B”，如图 5-128 所示。

图 5-128

来看一下原图与最终效果对比，如图 5-129 所示。

图 5-129

课后思考

1. 调修暗调的照片如何保留原有影调的美？
2. 为什么加强冷暖对比可以突出主体？
3. 为什么要在不同影调中调色？

5.3 儿童摄影后期色调的调法

5.3.1 案例：儿童油画色调的调法

儿童油画色调是将照片的特点与油画的特点结合在一起，模仿油画效果的一种色调，在光影的表现上多为油润、柔和，在色调的表现上通常色彩浓郁。原图的拍摄地点非常适合制作油画效果，如图 5-130 所示。

图 5-130

修图要点

原图环境层次丰富但不杂乱，小朋友们的衣服和鞋子色彩鲜艳，表情活泼灵动，具有故事感，这些特点都很适合调油画色调。

打开“滤镜”菜单下的“Camera Raw 滤镜”，用“去除薄雾”对照片去灰、压暗，如图 5-131 所示。加大“蓝原色”的饱和度，使照片整体色彩明快鲜艳，如图 5-132 所示。

图 5-131

图 5-132

图 5-133

由于“蓝原色”饱和度被加大，背景局部的蓝色元素与小男孩的帽子颜色都有些重。在“混色器”属性中将蓝色的饱和度减小一些，让蓝色不那么突兀，如图 5-133 所示。

图 5-134

选择“曲线”属性，为照片制作“胶片灰”影调，使画面整体的氛围变得更好。此操作同时也把人物的衣服略微压暗了，并弱化了画面中杂乱的光影，让整体光影更柔和干净，如图 5-134 所示。

图 5-135

单击“确定”按钮回到 Photoshop 主界面中，这时观察画面左侧树木透光的地方及右侧蓝色元素都有些突兀。用“可选颜色”为蓝色加黄色，减洋红和青色，使蓝色在整体画面中更和谐，如图 5-135 所示。

选择红色，加一些青色，使小女孩的帽子、裤子的色彩更和谐，如图 5-136 所示。

图 5-136

为了使环境色更统一，色彩更浓郁，选择“色彩平衡”工具，在中间调加一些红色和黄色，如图 5-137 所示。

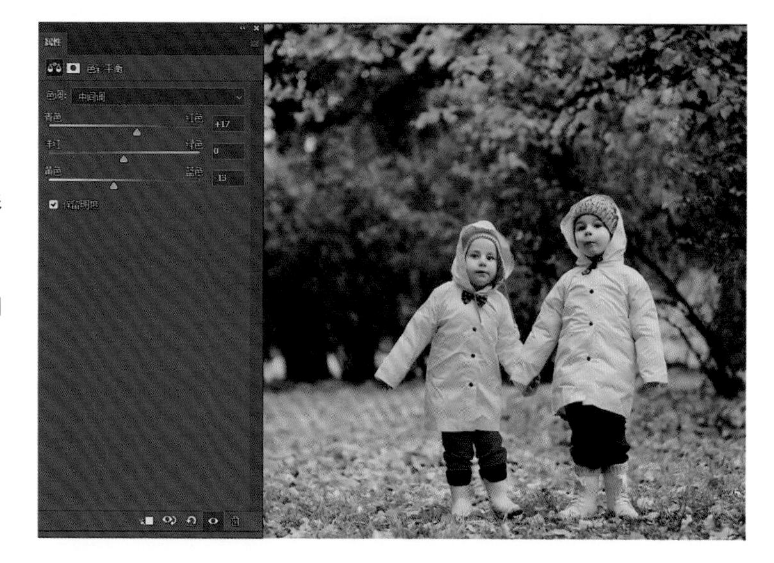

图 5-137

画面对比有些强，尤其是小男孩的眼睛过暗。复制一层（快捷键 Ctrl+J），用“阴影 / 高光”工具将暗部提亮（快捷键 Alt+I+J+W），添加一个黑色图层蒙版，只将人物脸部擦出，如图 5-138 所示。

图 5-138

图 5-139

合并所有图层，然后进行磨皮，如图 5-139 所示。

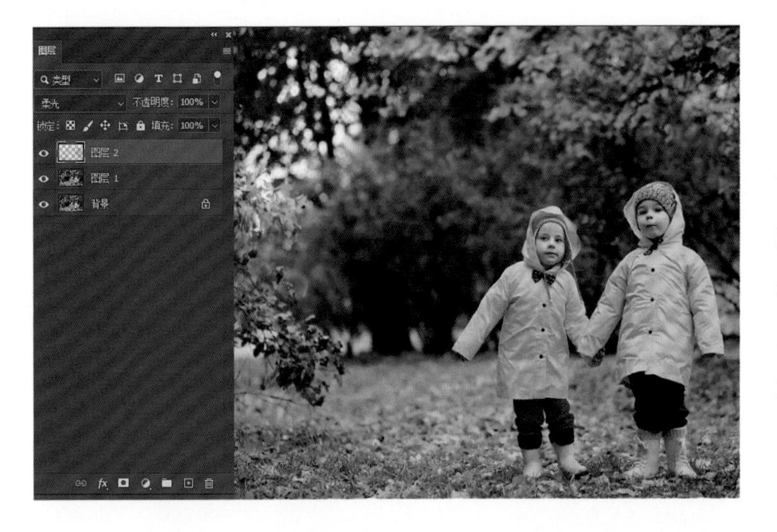

图 5-140

新建一个“柔光”层，为画面整体刷光影，使层次更丰富。重点是将背景中树木的暗部、草地及小朋友们的雨衣刷暗。在刷的过程中注意层次过渡，根据原始光影调整，如图 5-140 所示。

图 5-141

复制一层进行“高斯模糊”，半径需要大一些，将图层混合模式改为“柔光”，使画面产生柔和、油润的光影，在此基础上还滤掉了大部分杂乱的光影，让画面整体的色彩和光影都变得丰富、柔和、梦幻，如图 5-141 所示。

用“阴影 / 高光”工具（快捷键 Alt+I+J+W）提亮阴影区域，使画面对比不那么强，否则画面会给人压抑、不柔和的感觉，如图 5-142 所示。

图 5-142

进行“高反差保留”，提升画面质感，如图 5-143 所示。

图 5-143

再次刷光影，在“柔光”层将人物雨衣、地面及后方植物根部都再刷暗一些，将植物透光略微刷亮，如图 5-144 所示。

图 5-144

用“曲线”工具营造出类似胶片的柔和氛围感，如图 5-145 所示。

图 5-145

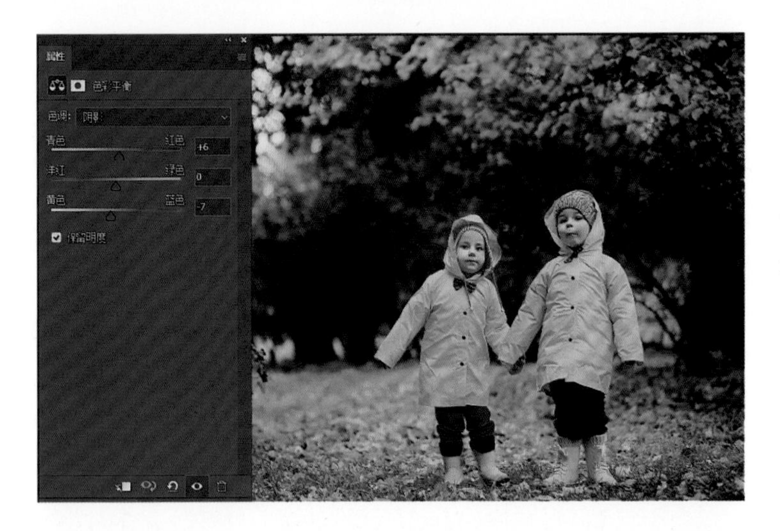

用“色彩平衡”工具在“阴影”中加一些红色、黄色，让阴影区域更暖，如图 5-146 所示。

图 5-146

新建一个“滤色”层，添加暖色的光，增强画面氛围感，添加光时，尽量选择画面中本来就有光的位置，这样看起来会更自然，如图 5-147 所示。

图 5-147

用 Portraiture 磨皮，如图 5-148 所示。

图 5-148

看一下原图与最终效果的对比，如图 5-149 所示。

课后思考

1. 油画色调是不是把照片做成与油画一样的效果？

2. “胶片灰”影调有什么优势？

3. 色彩统一起到的作用是什么？

4. 油润的光影主要是在哪个步骤制作的？

图 5-149

5.3.2 案例：宝宝室内唯美风格的调法

儿童摄影中，“宝宝照”是很重要的一部分，尤其是在我国，人们对于宝宝“初生”“满月”“百岁”的日子都是十分看重的，因此“百岁照”等就诞生了。在调修这类照片时，要突出宝宝的珍贵与可爱，色调以唯美、干净、纯净为主，影调主要表达氛围的温暖、和谐。原图是宝宝在柔软的白色毯子上拍摄的，如图 5-150 所示。

修图要点

原图中，白色给人纯净、干净的感觉，毛毯的质感给人舒服、温柔的感觉；蓝色的帽子点缀得恰到好处，使画面色彩不单调，主体也更为突出。了解到这些优点以后，我们应在修图时突出它们。

再来分析画面的缺点，原图中画面整体光影偏暗，宝宝肤色不匀，有红点，白色毛毯略脏且环境色重，整体氛围暗、闷、不透，需要调整。

打开“Camera Raw 滤镜”，提亮曝光，让画面整体光影变亮，如图 5-151 所示。

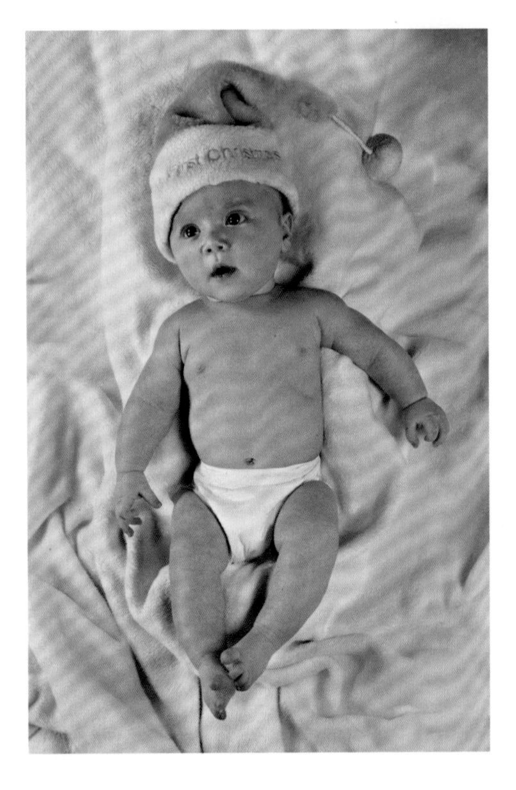

图 5-150

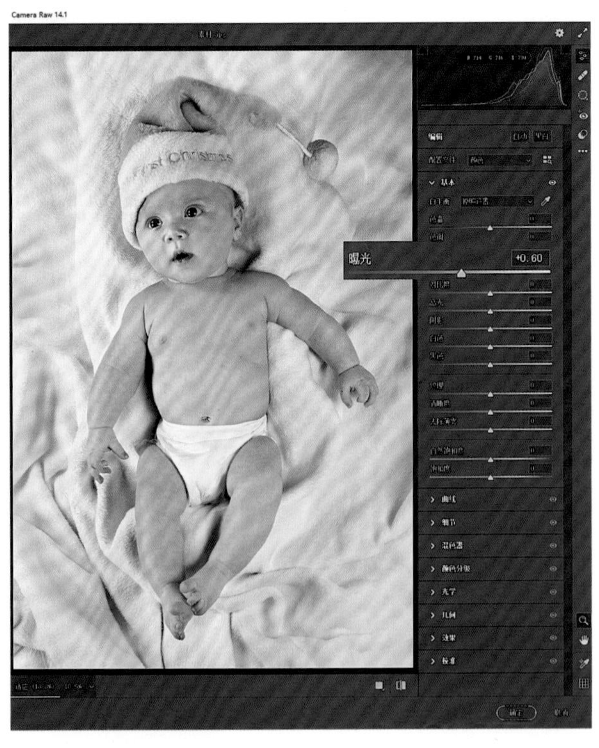

图 5-151

在画面中加入一些冷色，使照片通透、干净、不闷黄。在“基本”属性中，调整色温为偏蓝，色调为偏绿，如图 5-152 所示。

这时观察到画面色彩偏灰，很寡淡，所以在“校准”属性中加大“蓝原色”的饱和度，使照片色彩变艳丽的同时去灰。但是毛毯上的环境色会更重，后面需要想办法解决，如图 5-153 所示。

图 5-152

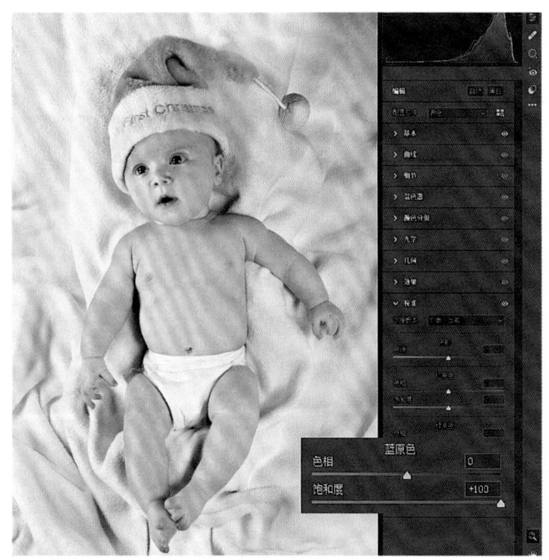

图 5-153

更改“红原色”的色相，使肤色略微偏黄，再减小一些“红原色”的饱和度，使宝宝皮肤更白皙，为还原出“牛奶肌”打基础，如图 5-154 所示。

选择“颜色分级”属性，在高光影调区域加一些青蓝色，这时宝宝的肤色被彻底还原出了白嫩的“牛奶肌”，而整体的环境色也因少量冷色的加入而变得更加干净、通透，如图 5-155 所示。

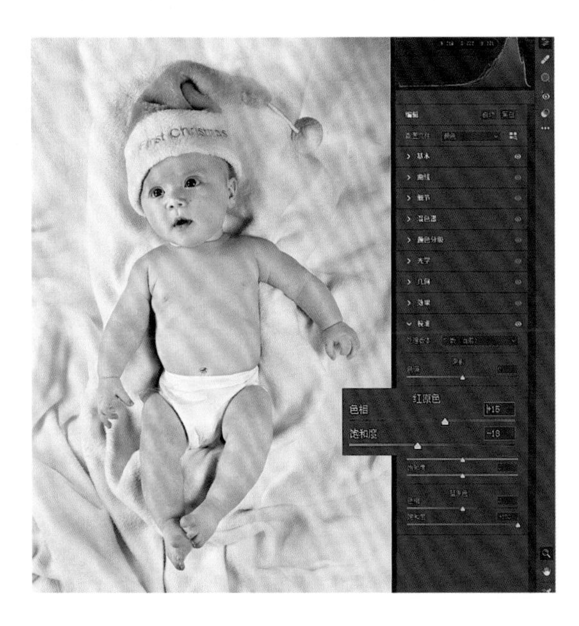

图 5-154

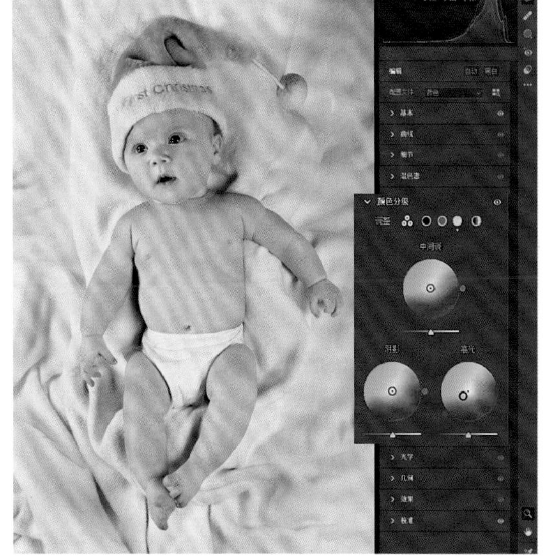

图 5-155

选择“基本”属性，将“自然饱和度”加大，使宝宝的肤色更加有层次，但毛毯上的环境色会更重，宝宝眼白的环境色也更蓝了，这些问题后续都需要解决，如图 5-156 所示。

选择“混色器”属性，分别减小蓝色、水绿色、绿色的饱和度，将毛毯上的所有环境色去除，还原回干净的白色，与此同时宝宝眼睛里的环境色也被去除了大部分，如图 5-157、图 5-158、图 5-159 所示。当环境色不再杂乱，人物主体就会更加突出，画面也会更加干净、舒服。后期调色时最怕环境色杂乱、不干净，色彩可以丰富，但不能脏、杂。

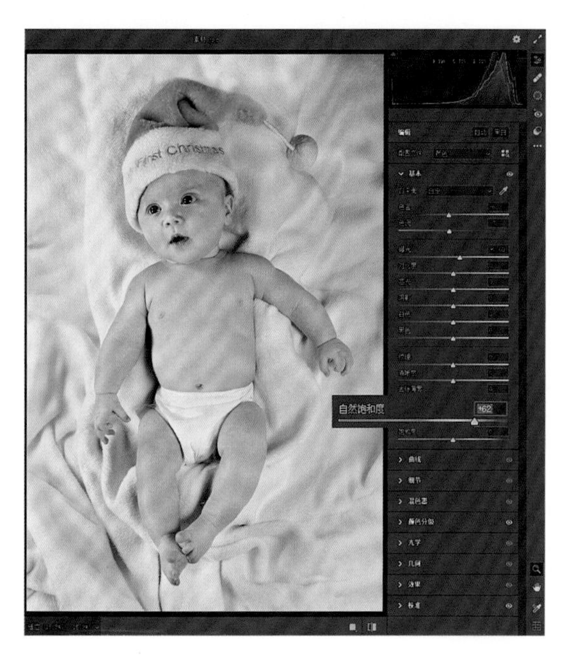

图 5-156

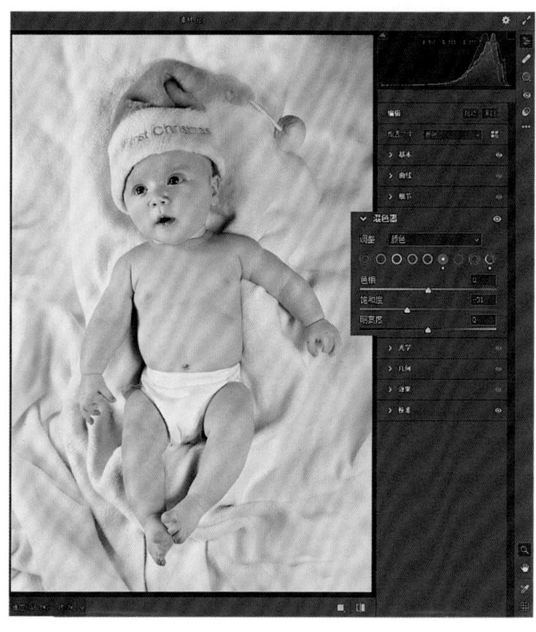

图 5-157

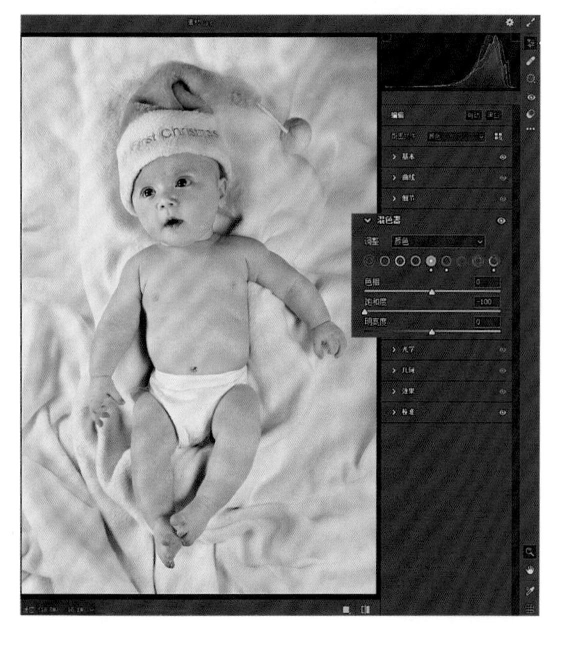

图 5-158

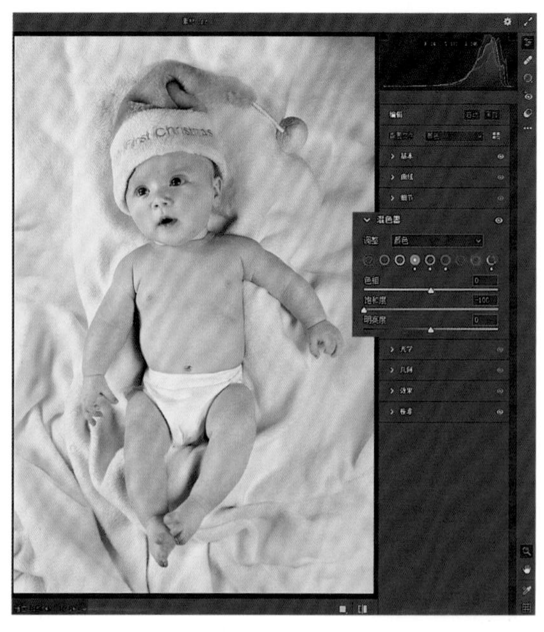

图 5-159

选择“曲线”属性，调整整体光影，为画面去灰，使画面更有层次、不平面，如图 5-160 所示。

单击“确定”按钮，回到 Photoshop 主界面中，先用 Portraiture 简单磨皮，然后用“快速蒙版”将宝宝肤色不匀的区域做成选区，分别是鼻子（偏黄）、右侧大面积脸颊（偏红和黄）、右侧肩膀（偏黄）、左侧肩膀（偏红）、脚（偏红），如图 5-161 所示。

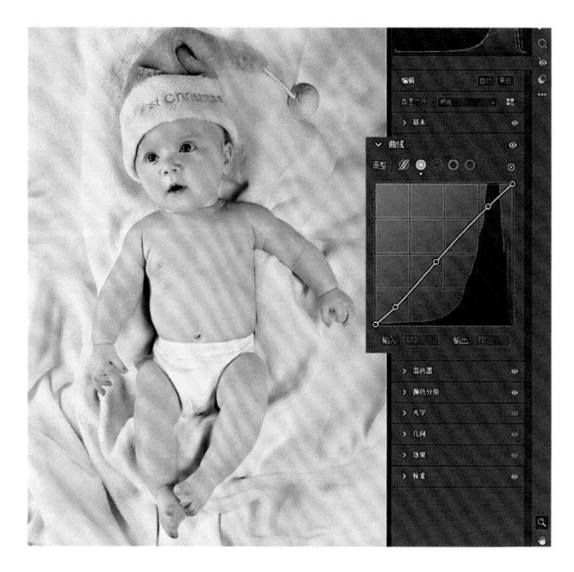

图 5-160

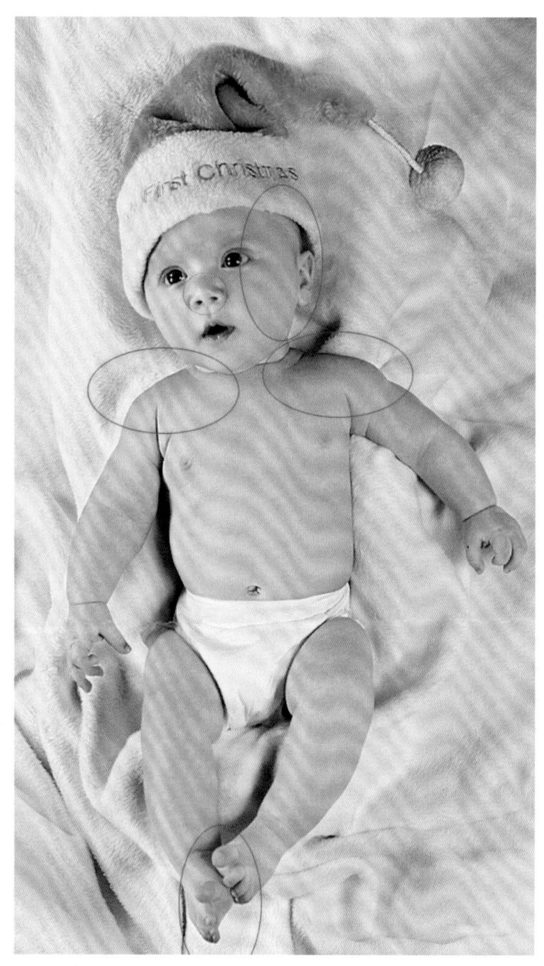

图 5-161

将这些区域分别做成选区后，用“可选颜色”工具依次将肤色调匀，这里只展示两张较为明显的大图，如图 5-162、图 5-163 所示。

图 5-162

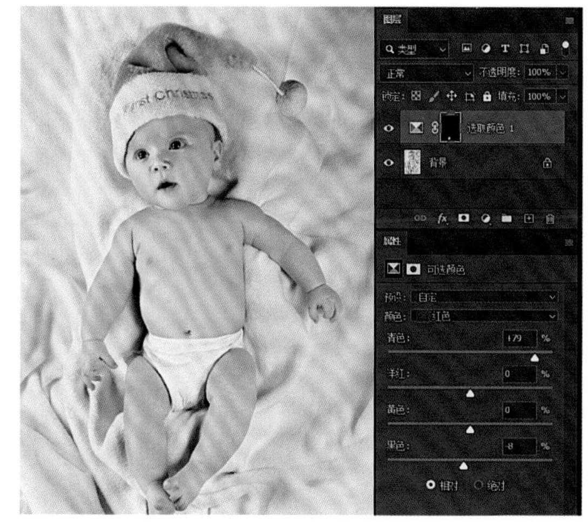

图 5-163

复制一层，进行“高反差保留”提升照片质感，如图 5-164 所示。

用“快速蒙版”将宝宝的眼白做成选区，然后用“色相 / 饱和度”将眼白中的环境色再次减少。

在操作过程中，为了能使色彩选择更精准，选区做好后，用“色相 / 饱和度”下方自带的吸管工具吸取眼白的色彩，再次降低饱和度、提升明度，如图 5-165 所示。

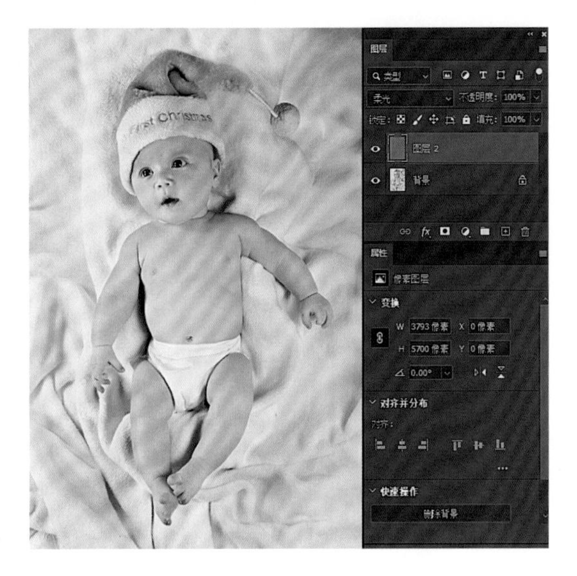

图 5-164

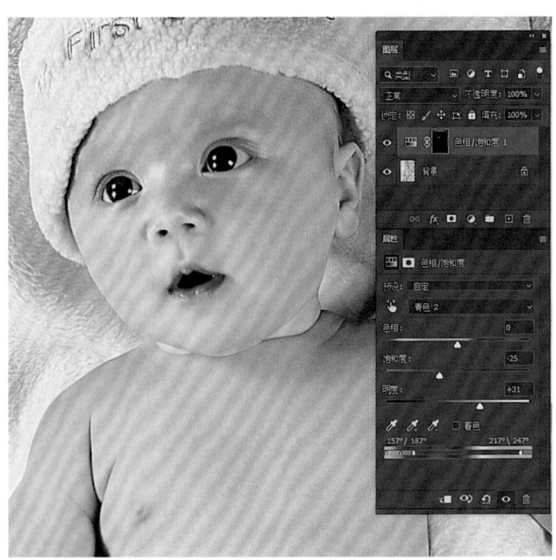

图 5-165

用“减淡工具”擦亮宝宝的眼白，使宝宝的眼睛更明亮有神，如图 5-166 所示。

新建一个图层，降低不透明度，图层混合模式不变，用白色画笔轻轻将右上方的毛毯和帽子上的白绒球涂白、涂干净，如图 5-167 所示。

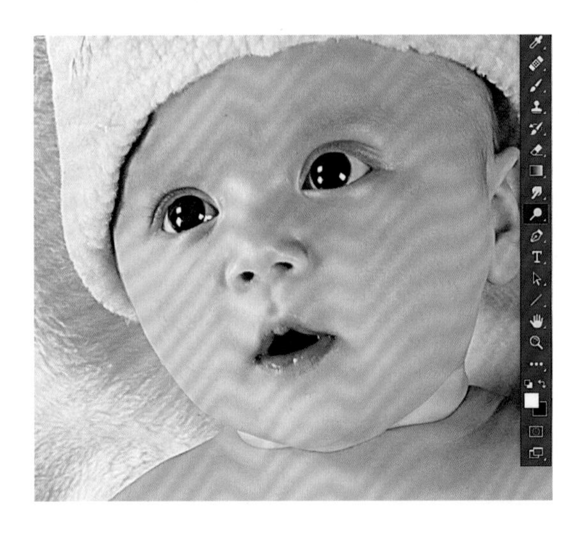

图 5-166

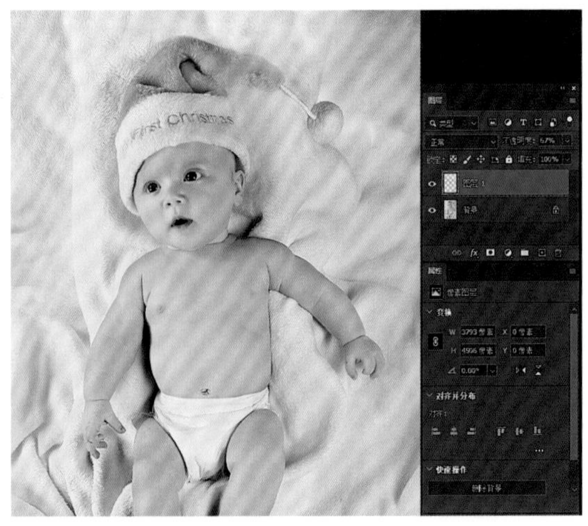

图 5-167

看一下原图与最终效果的对比，如图 5-168 所示。

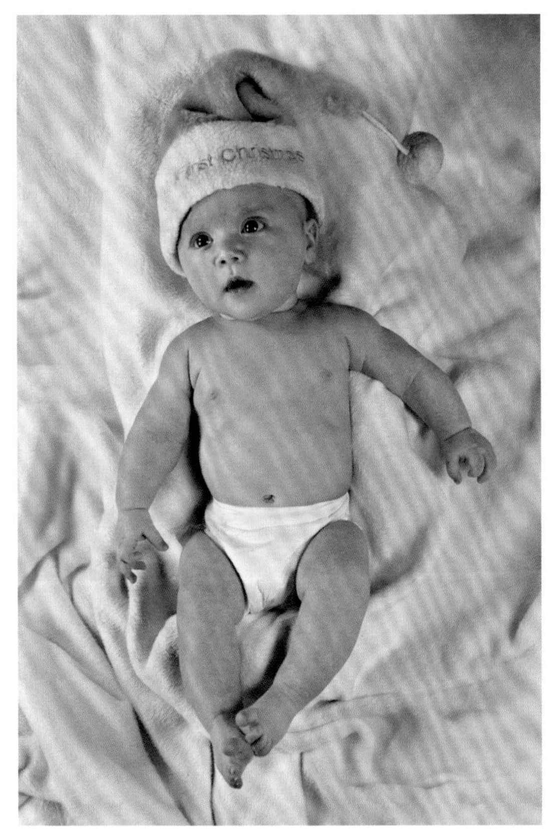

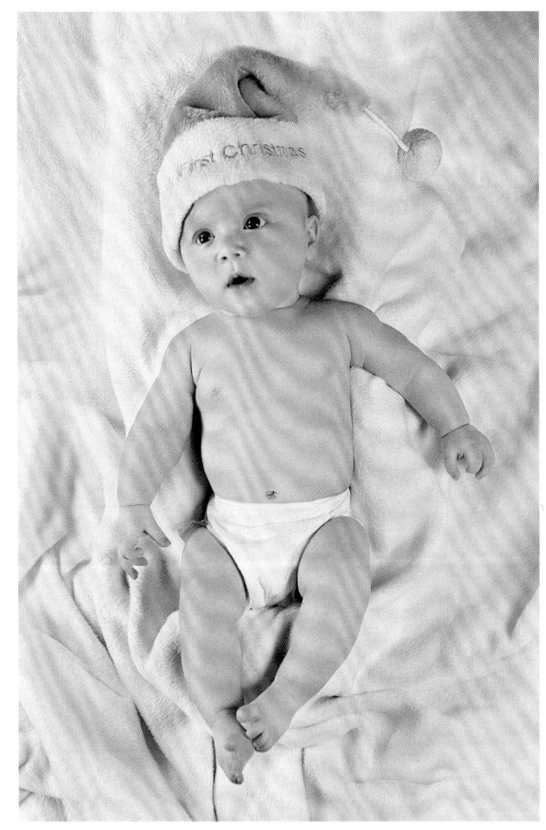

图 5-168

课后思考

1. 调修宝宝照片应该选择什么样的影调与色调?
2. 画面整体偏黄，宝宝肤色不嫩、不透，应该怎么解决?
3. 环境色杂乱应该如何调修?
4. 肤色不匀为什么用“可选颜色”进行调修?

5.3.3 案例：创意儿童摄影后期的调法

创意儿童摄影充满趣味性，既可以突出孩子们的天真可爱，又可以创造出属于孩子们的童话世界。这种摄影脱离了现实的种种不可能，发挥出人类无尽的想象力，让照片成为故事。原图中有一个可爱的小男孩拿着竹竿，如图 5-169 所示。

图 5-169

修图要点

小男孩穿着中式的衣服，拿着颇具中国特色的竹竿，我们可以将照片定位为中国风。关于小男孩的动作，我们可以融入很多有趣的想法，如粘知了或摘灯笼等。从小男孩身穿长袖长裤和鞋子来判断，不应该配夏天的场景。

插入一棵柿子树的素材，为了突出中国风的特点，选用了工笔画柿子树素材，如图 5-170 所示。

选择素材，用“移动工具”将其放在画面中合适的位置后，按快捷键 Ctrl+T 自由变换，调整素材大小，如图 5-171 所示。

图 5-170

图 5-171

新建一个图层，填充“骍刚”色，将图层混合模式改为“正片叠底”，然后用曲线将其提亮。这样整个画面就被着上了一层古画的色彩，如图 5-172 所示。

图 5-172

为了使画面不空且有层次感，在照片上方添加一个墙素材，为了统一风格，选用的是国画素材，如图 5-173 所示。

图 5-173

小朋友的世界总是多彩且丰富的，所以我们在画面左下角再添加一只母鸡与几只小鸡的素材，这样画面就变得生动活泼起来了。母鸡与小鸡的素材被放在了墙的前方，小男孩的后方，这样的构图拉开了人物与背景之间的距离，起到了增加空间感的作用，如图 5-174 所示。

图 5-174

图 5-175

将一根柿子树枝选中后，按快捷键 Ctrl+J 复制，再用“色相 / 饱和度”将其压暗，如图 5-175 所示。

图 5-176

按快捷键 Ctrl+T 将其水平翻转，调整好位置。因为要塑造成影子的样子，再对这一根柿子树枝进行“高斯模糊”，然后降低图层的不透明度。再将人物略微缩小一些，调整好比例，如图 5-176 所示。

图 5-177

单击“滤镜”菜单下的“Camera Raw 滤镜”，选择 Camera Raw 的“曲线”属性，为画面调出柔灰的光影，使人物与整个场景在光影上统一，制作出接近古画的效果，然后合并所有图层，如图 5-177 所示。

选择“颜色分级”属性，在阴影影调区域加暖黄色，让照片整体色调统一的同时更接近古画的效果，如图 5-178 所示。

图 5-178

选择“基本”属性，加大“纹理”，增强画面质感，如图 5-179 所示。

图 5-179

在“校准”属性中先减小“红原色”的饱和度，使人物肤色与整体画面白皙、不闷，再加大“蓝原色”的饱和度，将色彩补回的同时使画面更透、更干净，如图 5-180 所示。

图 5-180

单击“确定”按钮，回到 Photoshop 主界面中，复制一层进行“高斯模糊”，将图层混合模式改为“柔光”，略微降低图层的不透明度，提升画面整体的柔和度与通透感。再盖印一层（快捷键 Ctrl+Shift+Alt+E），通过“高反差保留”增强画面质感，然后合并所有图层，如图 5-181 所示。

新建一个“柔光”层为小朋友画肤，使人物脸部肤色饱满、有立体感，如图 5-182 所示。

图 5-181

图 5-182

来看一下原图与最终效果的对比，如图 5-183 所示。

图 5-183

课后思考

1. 创意儿童摄影的特点是什么，后期制作时应突出什么？
2. 如何快速调出古画色调？
3. 运用素材有哪些优势？
4. 应根据什么来选用素材？

5.3.4 案例：情景儿童摄影后期的调法

情景儿童摄影就像一部电影，它有丰富的场景与情节，生动又可爱，也是当下很受欢迎的儿童摄影，原图中小女孩像是云端的小天使，表情可爱、专注，手里捏着一小朵“云”，如图 5-184 所示。

图 5-184

修图要点

从场景判断，有白云，相应的蓝天肯定也少不了；从配色的角度讲，蓝白也是经典的搭配，可以使画面显得纯洁、干净，所以灰色背景一定要替换掉。那么添加什么样的蓝天，又怎样突出情景氛围，就是接下来我们要考虑的。

单击“编辑”菜单下的“天空替换”，然后单击对话框下方的“+”按钮导入合适的天空图片（如果系统默认的图片不合适，可以导入喜欢的图片），先将灰色背景去掉，如图 5-185 所示。

这里选择了偏青蓝色的天空，天空中有一些白云，这样既可以使画面干净、透彻，也可以使后加入的天空与原图中的云更自然地结合，如图 5-186 所示。

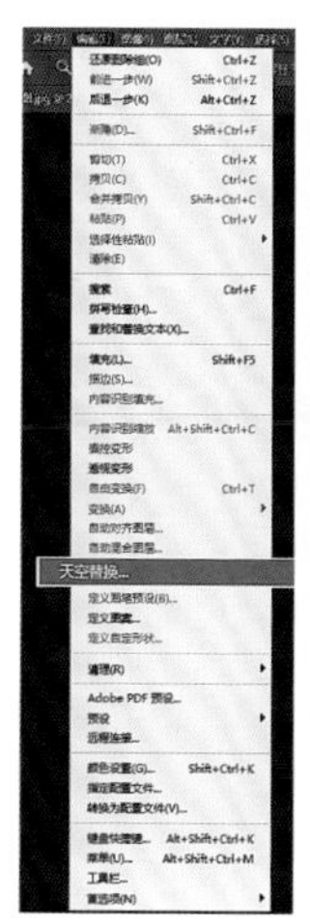

图 5-185

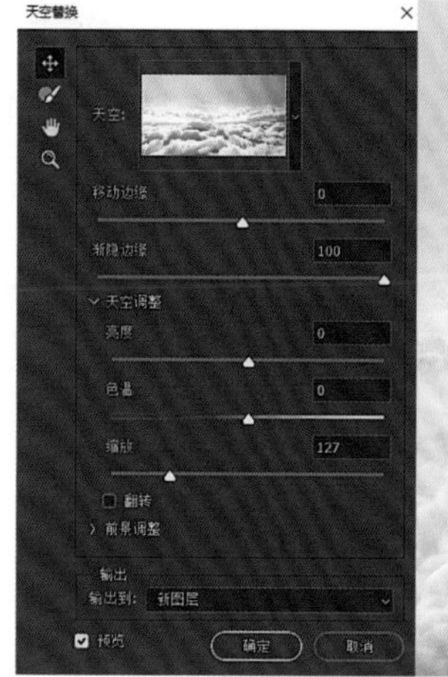

图 5-186

图 5-187

天空添加好后会自动出现一个组，如果担心后续要修改，可以先盖印一层（快捷键 Ctrl+Shift+Alt+E），如图 5-187 所示。

图 5-188

为了统一天空与原图的环境色，打开 Camera Raw，选择“颜色分级”属性，在高光影调区域中加一些青蓝色，如图 5-188 所示。

图 5-189

将“阴影”和“黑色”提亮，使人物的头发与肤色轻透、舒服，对比不要太强烈，如图 5-189 所示。

选择“混色器”属性，更改橙色的色相，使人物肤色略偏黄，然后略微加大明亮度，让人物的肤色不闷，如图 5-190 所示。

图 5-190

将“清晰度”减小，“纹理”加大，让整体画面光影柔和的同时不失质感，如图 5-191 所示。然后单击“确定”按钮回到 Photoshop 主界面中。

图 5-191

将画面非高光影调区域提亮，这样画面的整体影调会更通透。按快捷键 Ctrl+Alt+2 选择高光，然后按快捷键 Ctrl+Shift+I 反选，再按快捷键 Ctrl+J 复制一层，将其图层混合模式改为“滤色”。然后再为其添加一个蒙版，将不需要提亮的区域擦出，如头发、眼睛等，如图 5-192 所示。

图 5-192

图 5-193

按快捷键 Ctrl+Shift +Alt+E 盖印一层，然后用 Portraiture 磨皮，如图 5-193 所示。

图 5-194

为了使画面不单调，用“画笔工具”在后面的天空中画两朵云（选用预设的云画笔直接载入即可），画的时候要选择不同形状的云，这样才能让画面生动、有趣，如图 5-194 所示。

图 5-195

小朋友手里的云有些小，为了保证画面的协调性，在小朋友的手上画一个心形（或其他形状）的云朵，如图 5-195 所示。

添加一个小精灵素材，让她与小朋友产生互动，使画面的叙事感更强，更有电影情景的感觉，如图 5-196 所示。

添加一些光斑烘托氛围，如图 5-197 所示。

图 5-196

图 5-197

我们来看一下原图与最终效果的对比，如图 5-198 所示。

图 5-198

5.4 常见流行色色调的调法

5.4.1 案例：逆光色调的调法

图 5-199

逆光即光从被照射的物体后面照过来，所以逆光的照片一般光比较大，如果是外界的自然光，则通常是暖色调。当光比较大时，就会出现主体过暗且色彩暗淡或不匀的问题。我们在后期调修的过程中，就要将这样的问题修正，并加以美化。原图是一张典型的逆光照片，如图 5-199 所示。

修图要点

原图中无论是人物身上的轮廓光还是人物的表情都很美，但画面对比过大且过暗，麦田没有呈现出饱满的色彩，天空很灰，人物肤色不匀。我们要做的是将这些问题解决的同时，加倍突出画面中原有的美。

在 Camera Raw 中先将“阴影”和“黑色”提亮，让人物和背景的暗部都被提亮出一些细节，使画面整体不压抑、透气，如图 5-200 所示。

加大“去除薄雾”，为画面去除因提亮暗部而出现的灰，如图 5-201 所示。

图 5-200

图 5-201

在“校准”属性中将“蓝原色”的饱和度加大，使照片整体色彩艳丽、通透，如图 5-202 所示。

图 5-202

加大“蓝原色”的饱和度后，男士衣服上的环境色过重。选择“混色器”属性中的蓝色，将饱和度减小。注意，这里去除环境色后衣服很灰，后面需要解决该问题，如图 5-203 所示。

图 5-203

选择“颜色分级”属性，分别在“中间调”和“阴影”中加橙色。这样不仅统一了色调，解决了照片和人物衣服发灰的问题，还为照片的色调进行了定位，让整体色调偏暖、通透、统一，如图 5-204 所示。

图 5-204

图 5-205

要使画面色彩更暖，且相对更自然，不一定非要再加大饱和度。我们可以同时更改“蓝原色”与“红原色”的色相，使它们变暖且舒服、自然、浓郁，如图 5-205、图 5-206 所示。

图 5-206

图 5-207

复制一层，用 Portraiture 磨皮，有时为了防止损失质感，可以减小一些饱和度。此时观察画面，色彩与光影的效果都还不错，就是人物还是有些暗，如果不是拍摄剪影或有特殊的影调需求，最好能在画面中看清楚人物的脸部，如图 5-207 所示。

选择画面高光影调区域（快捷键 Ctrl+Alt+2），然后反选（快捷键 Ctrl+Shift+I），再将所选区域即非高光影调区域复制出来（快捷键 Ctrl+J），将图层混合模式改为“滤色”。这样即可将画面的非高光影调区域提亮，不仅可以看清人物的脸部，照片整体也干净、通透了许多，如图 5-208 所示。

图 5-208

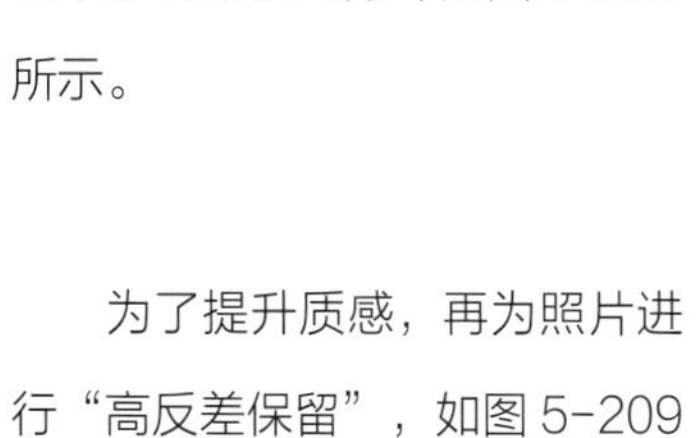

为了提升质感，再为照片进行“高反差保留”，如图 5-209 所示。

图 5-209

此时我们再来观察人物的肤色，女士左侧胳膊偏灰、偏暗，两人脸部肤色都过暗，存在肤色不匀的问题。虽然前面进行了一些调整，但细节还是没办法处理到完美。所以我们新建一个“柔光”层，用画肤法将人物的肤色画匀，与此同时，也在男士的背部画一些暖色，解决发灰的问题。

在画的过程中，要注意随时调整色彩，不要全部用同一个色彩画，否则主体颜色会花，如图 5-210 所示。

图 5-210

选择“可选颜色”工具，在红色中减少黑色，使画面暖色部分变淡，让人感觉阳光柔和地透过来，如图 5-211 所示。

图 5-211

复制一层，进行“高斯模糊”，将图层混合模式改为“柔光”，为照片制作柔焦的效果，将图层不透明度降低，如图 5-212 所示。

图 5-212

再次选择“可选颜色”工具，在黑色中减少黑色，将照片的影调调为灰调，提升氛围，如图 5-123 所示。

图 5-213

女士帽子上的环境色有些重，也用画肤法进行调整，如图 5-214 所示。

图 5-214

让我们来看看原图与最终效果的对比，如图 5-215 所示。

图 5-215

5.4.2 案例：古风色调的调法

图 5-216

近几年古风色调特别受年轻人的欢迎，它带有我们民族独有的美，雅致、浪漫、古朴、唯美的特点，俘获了很多人的心。在调古风色调时，要突出这些特点，色彩素的部分要素雅、有韵，色彩艳丽的部分要大气、不艳俗。原图是站在红墙下的古装女孩照片，如图 5-216 所示。

修图要点

原图从构图到色彩都符合古风照片的特点，红墙、树影更是增添了几分灵动与韵味，美中不足的是影子有些乱。画面整体对比度较大，但影调烘托出了“满城春色宫墙柳”的氛围。我们要做的是在突出氛围的同时，使画面不杂乱且素雅。

在 Camera Raw 中先将“色温”调至偏蓝，为照片去黄，如图 5-217 所示。

减小“高光”和“白色”，加大“阴影”和“黑色”，减小画面的光比，使照片影调更柔和，如图 5-218 所示。

图 5-217

图 5-218

选择“混色器”属性，更改绿色的色相使其偏黄，再将饱和度降低，使画面中的树木有种古画的感觉，色彩素雅且映衬得人物更加突出，如图 5-219 所示。

图 5-219

选择“颜色分级”属性，先在“高光”中加一些青蓝色，使人物衣服上的环境色更干净，注意不要加太多；然后分别在“中间调”和“阴影”中加橙黄色，让画面整体更温暖、柔和，如图 5-220 所示。

图 5-220

为了体现出柔美的感觉，在“曲线”属性中将照片调成胶片灰的影调。然后单击“确定”按钮回到 Photoshop 主界面中，如图 5-221 所示。

图 5-221

图 5-222

选择“可选颜色”工具，在红色中减少黑色，使画面中的红墙颜色淡一些，如图 5-222 所示。

图 5-223

用“快速蒙版”工具在人物脸部做选区，将局部偏黄不匀的肤色调匀，如图 5-223 所示。

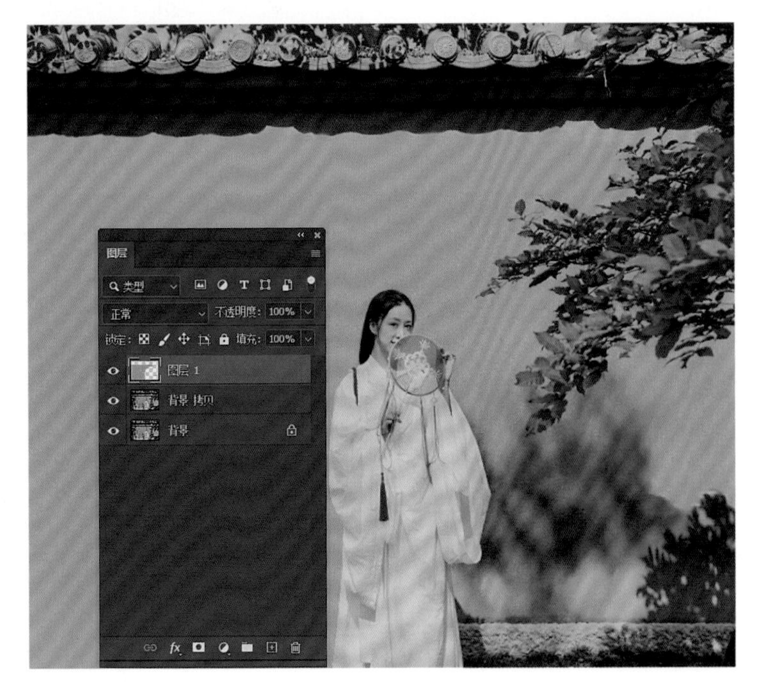

图 5-224

将背景复制一层后，再新建一个图层，用“吸管工具”吸取红墙的色彩，再选择“画笔工具”，将画笔的硬度调大一些，将红墙上左侧和中间的影子和凸起都涂掉。在“背景 拷贝”层用“内容识别”将树枝缝隙里红墙的凸起修掉，如图 5-224 所示。

为了保证红墙的质感和光影的立体感，我们找一个红墙的素材覆盖在上面，降低图层不透明度，使效果自然，如图 5-225 所示。

图 5-225

用“曲线”将红墙素材提亮，使其光影与原图契合，如图 5-226 所示。

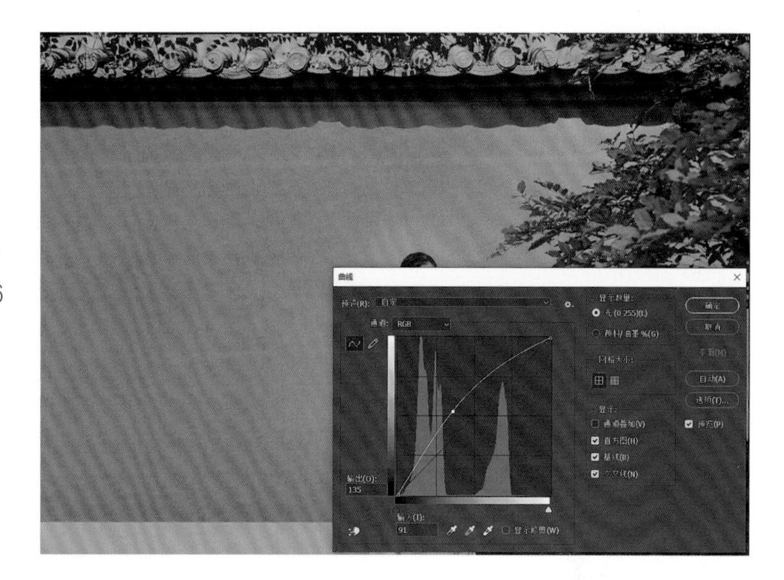

图 5-226

用“色相 / 饱和度”更改红墙素材的色相，使其色彩与原图一致，如图 5-227 所示。

图 5-227

因原图中的墙根被涂掉了，所以再添加一个墙根素材，尽量与右侧的墙根相似，如图 5-228 所示。

图 5-228

修好后的画面左侧太空，而原图中的树影其实很有韵味，只是太杂乱。所以我们为画面添加新的树影，让整体画面不空的同时，更加有层次，如图 5-229 所示。

图 5-229

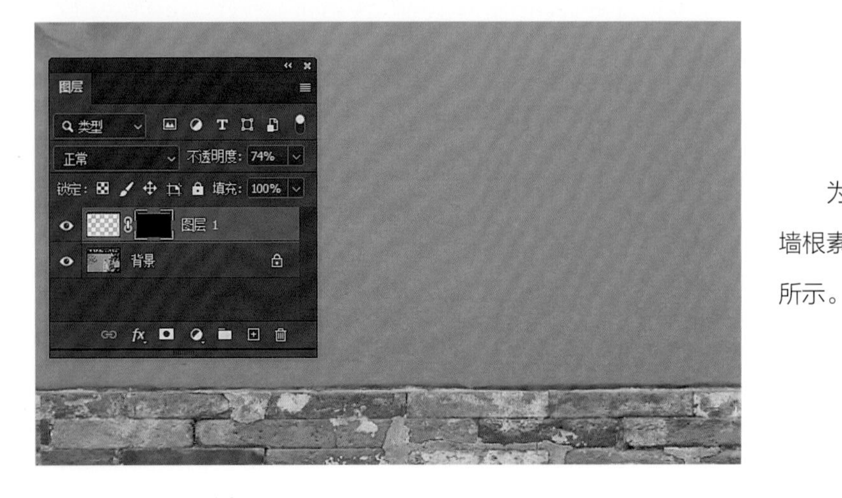

为了使墙根真实、自然，为墙根素材添加影子，如图 5-230 所示。

图 5-230

此时观察到画面下方还是有些空，可以再添加一些树影，如图 5-231 所示。

图 5-231

来看一下原图与最终效果的对比，如图 5-232 所示。

图 5-232

课后思考

1. 古风色调的特点是什么?

2. 为什么用“颜色分级”为照片调色调?

3. 怎样使添加的素材的光影与色彩自然?

5.4.3 案例：工笔画色调的调法

图 5-233

工笔画色调将照片与工笔画结合在一起，既有照片的真实感，又有画的质感，使作品呈现出大气、古朴、雅致的风格。原图是一张坐着的古装女孩照片，如图 5-233 所示。

修图要点

原图中女孩的造型非常适合工笔画色调，虽然现代服装也可以做成工笔画效果，但古风服装更为合适。画面整体色调与曝光都很好，可以直接进入调色环节。一般工笔画色调都以素雅、低饱和度来表现，没有特定的冷暖色调。照片中女孩以茶具作为拍摄道具，仿佛正在享受清风拂过，可以制作成外景。

在 Camera Raw 中将“红原色”的色相更改为偏黄，力度略大一些，将人物的肤色很好地体现出来，不要觉得难看，这一步是为了突出主体而做的铺垫，如图 5-234 所示。

减少“红原色”的饱和度，让整体饱和度变低的同时，肤色偏黄且素雅，缺点是人物肤色呈现出了不健康的色调，如图 5-235 所示。

图 5-234

图 5-235

将“蓝原色”的饱和度加大，弥补之前的操作的缺点，使人物肤色通透、偏黄、干净，如图 5-236 所示。

图 5-236

将“绿原色”的饱和度略微减小，使肤色更加自然，如图 5-237 所示。

图 5-237

在“曲线”属性中调光影，先提灰（压暗白色，提亮黑色），然后加大对比度，让照片的光影灰且透，更符合工笔画的特点，如图 5-238 所示。

图 5-238

在“混色器”属性中降低橙色的饱和度，加大橙色的明亮度，这一步主要还是调人物肤色，使人物脸部更加白皙干净，如图 5-239 所示。

图 5-239

在“颜色分级”属性的高光影调中加一些青色，青白色调会给人一种干净、素雅的感觉，很符合人物气质，如图 5-240 所示。然后单击“确定”按钮，回到 Photoshop 主界面中。

图 5-240

为了制作外景的效果，这里选择了具有中国风的窗子和石头素材加到画面中，注意调整好它们的位置和大小，这样不仅可以表现出人物在园中的感觉，还可以增加画面的空间感，如图 5-241 所示。

图 5-241

为了突出画的质感，我们添加一个纸质感素材，使照片从颜色到质感都有一种工笔画的感觉。素材的图层混合模式是“正片叠底”，这里减少了一些图层的不透明度，如果画面太暗，也可以用曲线略微提亮，如图 5-242 所示。

图 5-242

在图层蒙版上将人物擦出，主要针对鼻梁、颧骨、胳膊高光等位置，这样既可以塑造出脸部的立体感，又可以使肤色清透，如图 5-243 所示。

图 5-243

合并所有图层后，再用曲线调整画面光影，提亮的同时略加大一些对比度，然后再次合并所有图层，如图 5-244 所示。

图 5-244

用“水之语”插件为画面制作一个前景，不仅可以使画面层次丰富，还可以增加氛围感，给人一种人物在湖边沉思的感觉，如图 5-245、图 5-246 所示。

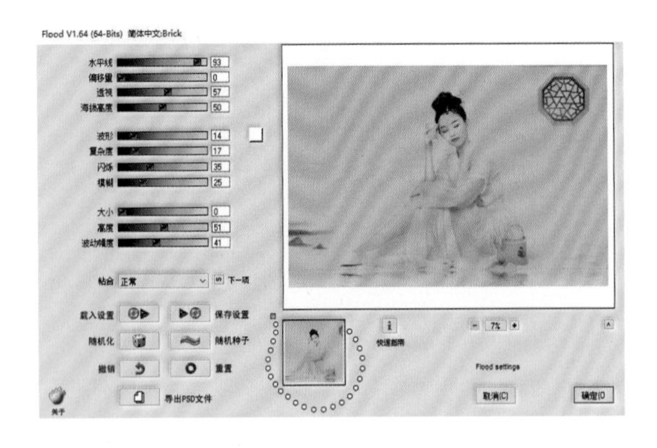

图 5-245

图 5-246

图 5-247

古风照片一般都非常注重氛围，虽然基调已经调好，但整体还是有些生硬。所以我们用“画笔工具”，在人物与水面衔接处画一些雾气，遮住部分裙子，营造出“仙气缭绕”的氛围，以增加韵味，如图 5-247 所示。

图 5-248

图 5-249

为了使照片更符合工笔画的特点，人物的发丝一定要整齐且丝丝分明，所以我们利用 DR5 插件中的“快速智能修图”工具将人物头发的光影修匀，使其不杂乱。为了让大家看得更清楚，这里用了对比及特写展示，如图 5-248、图 5-249 所示。

工笔画色调的调修中，经常会用到大量的素材，插入的素材最重要的是能与原图相融合、不突兀。这里虽然做到了这一点，但是画面缺乏立体感和真实性。所以我们用“减淡工具”将窗子透光的地方刷亮，这样就把空间感塑造出来了，如图 5-250 所示。

图 5-250

我们来看一下原图与最终效果的对比，如图 5-251 所示。

图 5-251

课后思考

1. 工笔画色调的特点是什么?

2. 如何突出画面的氛围，从哪几个方面调整?

3. 使用素材时应注意什么？

5.4.4 案例：森系色调的调法

图 5-252

“森系”顾名思义，就是森林系，也就是一种不食人间烟火、超凡脱俗的林间精灵的感觉。这种类型的摄影风格多用于写真，比较受年轻女孩的欢迎。

本案例主要讲解如何将树林里拍摄的照片调成森系色调，原图是一张在树林里拍摄的照片，如图 5-252 所示。

修图要点

一般森系色调都是仙气十足的，而原图中光影虽然很美，但并未很好地突出光感，缺少了森系特有的神秘感。这就是接下来我们主要解决的问题。

在 Camera Raw 里先将“清晰度”减小，使画面整体光影柔和，为后面制作朦胧、柔透的光影做铺垫，如图 5-253 所示。

为了不丢失质感，再将“纹理”加大，如图 5-254 所示。

图 5-253

图 5-254

当阳光很明媚时，画面中的光影会给人一种轻柔的感觉，所以这里将“去除薄雾”减小，增加氛围感，如图 5-255 所示。

分别将“蓝原色”“绿原色”的饱和度加大，使画面的色彩又润又透。注意先调整“蓝原色”，再调整“绿原色”，因为后者对画面整体色彩影响很大，如图 5-256 所示。

图 5-255

图 5-256

在“曲线”中略微调整光影，使照片整体无论是色调还是影调都不虚浮，如图 5-257 所示。

加大一些对比度，突出画面中植物的透光与整体高光的影调。大家不要担心前面做的光影白做了，虽然加大对比度光影会有一些损失，但是如果没有前面的铺垫，无法做出当前的效果，如图 5-258 所示。

图 5-257

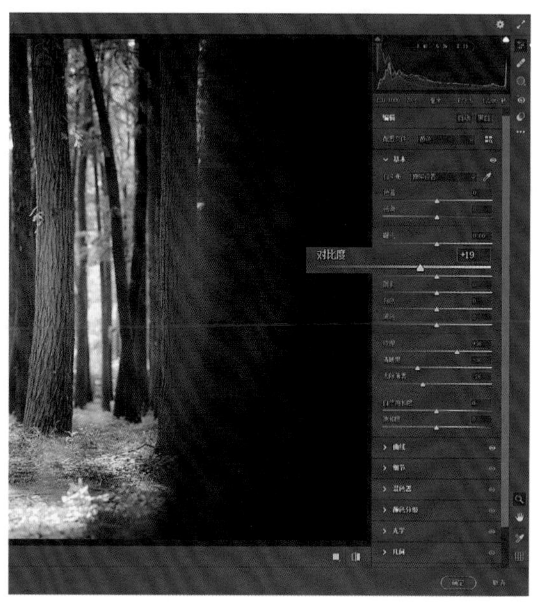

图 5-258

对人物液化，注意女孩的脸型，将脸颊液化小的同时不要破坏脸部的比例，如图 5-259 所示。

选择一张与原图地面相近的草地素材，为了更好地营造出森系的感觉，这里特意选了一张森系的草地素材。在换草地的时候，为了让画面融合得更好，也为了省时省力，最好选择从光影到色彩都与原图高度相似的素材，如图 5-260 所示。

图 5-259

图 5-260

调整好草地素材的大小，用蒙版工具将边缘生硬的地方处理好，如图 5-261 所示。

进行“高反差保留”，合并所有图层后磨皮，再用 DR5 插件在树的后面制作一个光晕点，以体现出阳光明媚的感觉，也能更好地突出人物。其缺点是有些亮眼、张扬，如图 5-262 所示。

图 5-261

图 5-262

用“色相/饱和度”将光晕点的饱和度减小一些，使其呈略偏黄的白色。然后按快捷键Ctrl+Alt+2将画面高光影调区域选择并复制（快捷键Ctrl+J），进行“高斯模糊”，将图层混合模式改为“柔光”，略微减小不透明度，为画面制作柔焦效果，以渲染出有仙气的光感，如图5-263所示。

图 5-263

我们来看一下原图与最终效果的对比，如图5-264所示。

图 5-264

课后思考

1. 森系的特点是什么?

2. 在前期调色时，哪一种操作可以为柔和的光影打基础?

3. 为什么加大饱和度时不能直接加大绿原色的饱和度?

5.4.5 案例：夜景人像后期的调法

夜景总给人一种神秘浪漫的感觉，璀璨的星空、灯光等都可以给我们的生活增添唯美的色彩。夜景照片中总会有一些小缺点，如曝光、噪点、偏色等，所以夜景人像后期也是从这些方面入手调修。原图是城市夜景中一对情侣的照片，如图 5-265 所示。

修图要点

原图整体色调偏黄，影调偏暗，后面的灯光倒是还好，没有很多杂色出现。我们要做的除了色彩还原，还要体现出画面浪漫的氛围。

在 Camera Raw 中，先将“阴影”和“黑色”提亮，使画面暗部展现出细节，再将“高光”和“白色”压暗，让照片中的高光与阴影区域的影调和谐，但这样的操作会使整体光影变灰，所以再加大“去除薄雾”为画面去灰，如图 5-266 所示。

图 5-265

图 5-266

将“色温”调为偏蓝，“色调”调为偏绿，为照片调整偏色，使其不要过于偏黄，如图 5-267 所示。

选择“蒙版”中的“线性渐变”蒙版，将天空调蓝，还原它本该有的色彩。这样画面上下会形成冷暖对比，既突出了主体，也丰富了画面色彩，如图 5-268 所示。这时观察到照片整体色彩杂色较多，色调不统一，视觉上给人一种不透、不干净的感觉。

图 5-267

图 5-268

选择“颜色分级”属性，在高光影调区域加青色，统一画面整体色调，解决色彩灰、脏且不统一的问题，如图 5-269 所示。

再次选择“蒙版”属性，在人物处添加一个“径向渐变”蒙版，加大“曝光”，将“色温”调至偏黄，“色调”调至偏洋红，使人物更亮、更暖、更透。这样不仅可以将人物更好地突显出来，还可以将肤色与衣服的色调调得通透、干净，并且整个画面的层次也更加丰富，如图 5-270、图 5-271 所示。

图 5-269

图 5-270

图 5-271

为了使照片整体色彩更润、更透，我们再选择“校准”属性，将“红原色”的饱和度加大，如图 5-272 所示。

再选择“颜色分级”属性，将阴影整体加黄，其目的还是统一色调。阴影区域加了暖色后，无论是后面的背景，还是人物的头发、皮肤和衣服，都更加干净、通透、舒服，如图 5-273 所示。

图 5-272

图 5-273

男士围巾上有偏绿的环境色，我们在“混色器”属性中将绿色的饱和度降低一些，如图 5-274 所示。

适当降低一些橙色的饱和度，并更改它的色相，让人物肤色更自然一些，如图 5-275 所示。

图 5-274

图 5-275

为了使画面光影层次感更强，我们回到前面做好的蒙版中，将天空再适当压暗一些，如图 5-276 所示。然后单击“确定”按钮，回到 Photoshop 主界面中。

先将人物提亮，用前面介绍过的非高光影调区域提亮的手法，让人物肤色更透。人物肤色调好后，我们再调人物的头发，当前头发部分区域偏蓝，如图 5-277 所示。

图 5-276

图 5-277

用“快速蒙版”工具为头发做选区，再用“色彩平衡”工具在阴影影调区域加黄色和红色，调整头发的偏色，如图 5-278 所示。

复制一层，然后进行“高斯模糊”，将图层混合模式改为“柔光”，为画面制作柔焦效果提升氛围感，也可以使画面整体无论是影调还是色调，都更加柔和、舒服、不杂乱。注意某些区域对比度过大，可以用蒙版适当擦除，如图 5-279 所示。

图 5-278

图 5-279

合并所有图层后复制一层，进行“高反差保留”，增强画面质感，然后再盖印一层（快捷键 Ctrl+Shift+Alt+E），用 Portraiture 磨皮。磨皮完成后我们看到女士脸颊左侧靠近头发的区域肤色不匀，有些偏红，如图 5-280 所示。

用“快速蒙版”将肤色不匀的区域做一个选区，再用“可选颜色”工具为红色加白色，将肤色调匀，如图 5-281 所示，然后合并所有图层。

图 5-280

图 5-281

用同样的手法将天空颜色略微调淡，这时男士的围巾因制作柔焦效果时，偏绿的环境色又变得很重，如图 5-282 所示。

使用同样的手法为男士的围巾做一个选区，用“色相 / 饱和度”减小饱和度，将围巾的颜色调整正常，如图 5-283 所示。

图 5-282

图 5-283

我们来看一下原图与最终效果对比，如图 5-284 所示。

图 5-284

课后思考

1. 夜景照片中常出现的问题有什么?
2. 为什么要求色调统一，统一色调都有哪些方法?
3. 为什么要制作柔焦效果，它的特点是什么?

5.4.6 案例：电影色调的调法

图 5-285

电影色调就是把照片调成电影的感觉，它的形式多变，不拘泥于特定的摄影种类。下面用婚纱照来演示电影色调的调法，如图 5-285 所示。

修图要点

原图中一对新人正在礼堂中宣誓，很像我们常在电影中看到的画面——古老的礼堂，斑驳美丽的光影，虽看不清人物表情，但氛围感十足。我们要做的是加强氛围感。

在 Camera Raw 中，先为画面去灰，将“去除薄雾”调为最大，如图 5-286 所示。

在“曲线”属性中将暗部提灰的同时，略微加大对比度，以调出电影色调中的“胶片灰”，如图 5-287 所示。

图 5-286

图 5-287

用“蒙版”将人物选中，然后为“色温”加黄色，为“色调”加少许绿色，让主体更好地被突出。这样调整是因为黄调很契合当下的光影，并且可以加强电影色调的氛围，如图 5-288 所示。

图 5-288

选择“基本”属性，将“高光”适当减小，减少因大光比带来的视觉不适，也让画面更加柔和一些，如图 5-289 所示。

图 5-289

选择“颜色分级”属性，在“阴影”中加黄色，这样做的目的是为照片定色调的同时，进一步统一色调。之所以选择在“阴影”里加黄色，是因为画面整体阴影区域较多，影响力大。这时我们会看到画面中无论是背景、前景还是人物，都被渲染上了一层有韵味的暖调，电影色调的感觉也更加浓郁，如图 5-290 所示。

图 5-290

图 5-291

为了更好地塑造出氛围感，再次选择“蒙版”属性，添加一个“径向滤镜”，反转蒙版区域，将画面四周都压暗，让画面整体的光影更加有层次感，主体也更为突出，如图 5-291 所示。此时窗子被压得太暗，后面需要解决该问题。单击“确定”按钮，回到 Photoshop 主界面中。

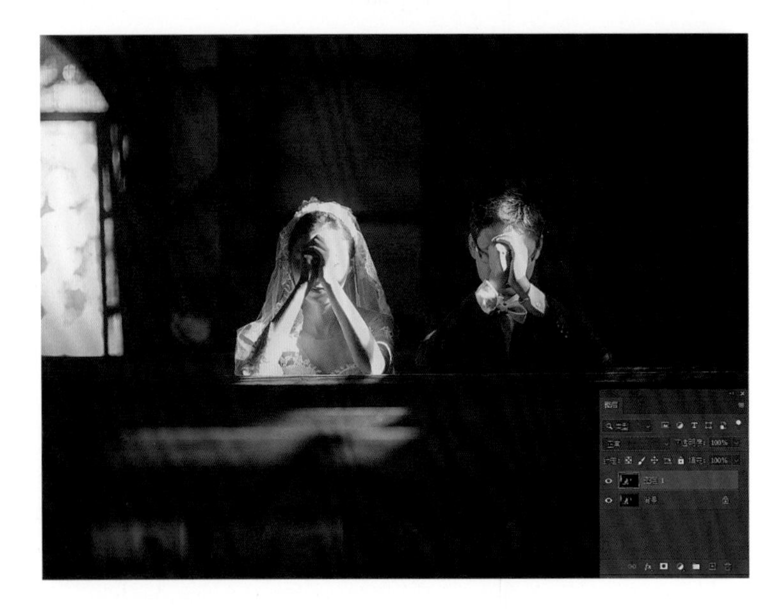

图 5-292

复制一层，选择“减淡工具”将窗子刷亮，让画面有透气感，然后合并所有图层，如图 5-292 所示。

图 5-293

选择非高光影调区域，然后进行“高斯模糊”，将图层混合模式改为“柔光”，为照片制作柔焦效果，使其更具电影感，但此时饱和度过大，我们再用“自然饱和度”减小一些饱和度，如图 5-293 所示。

为了更好地体现电影感，我们选择“可选颜色”工具，为白色加黑色，黑色加白色，让画面胶片灰的感觉再明显一些，如图 5-294、图 5-295 所示。

图 5-294

图 5-295

复制一层，进行“高反差保留”，提升画面质感，然后合并所有图层，如图 5-296 所示。

图 5-296

再复制一层，因图片不是RAW格式，所以照片质量较差，先用“仿制图章工具”修肤，然后再复制一层，用Portraiture整体磨皮，力度不要过大，如图5-297所示。

图5-297

我们来看一下原图与最终效果的对比，如图5-298所示。

图5-298

课后思考

1. 电影色调的光影特点是什么?

2. 如何自然地将光影层次体现出来?

3. 提升氛围为什么重要，都用了哪些手法?

第6章

热门主题：人像摄影后期照片合成创作

6.1 抠图方法

合成照片非常有趣，充满了想象力与创造力。在进行照片合成之前我们需要进行一项非常重要的工作，就是抠图。因为需要把不同照片上的元素组合在一起，所以抠图是必不可少的，根据照片复杂度不同，我们有粗略、细致两种抠图方法。

6.1.1 粗略抠图的方法

图 6-1

原图中一个可爱的姑娘拿着一个硕大的蝴蝶结，我们要给她换一个背景，增加画面的灵动感，如图 6-1 所示。

在“帮助”菜单下找到“新增功能”，然后选择“快速操作”，如图 6-2 所示。

在“快速操作”中选择“移除背景”，然后单击“套用”按钮，如图 6-3 所示。

图 6-2

图 6-3

此时人物就被抠出来了，但是抠得并不完美，我们可以看到蝴蝶结下方等区域依然有原背景，如图 6-4 所示。

图 6-4

我们先不着急把多余的原背景擦掉，将准备好的新背景换进来，这样更便于观察抠得不完美的地方，如图 6-5 所示。

图 6-5

用“快速选择工具”为有原背景的区域做一个选区，在蒙版上用黑画笔将多余的背景擦掉，如图 6-6 所示。

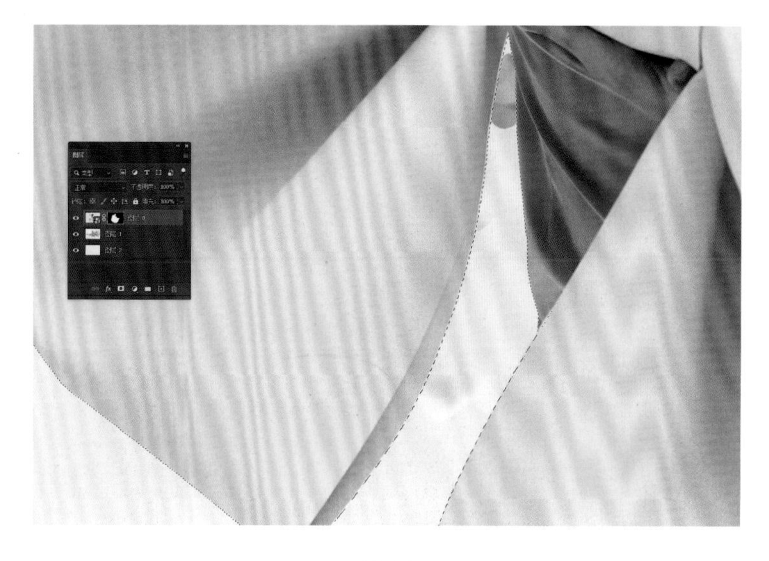

图 6-6

再将抠漏的地方用白画笔擦出，在擦的过程中不必在意擦出过大面积的原背景，这样才可以看到衣服本来的轮廓，然后再用黑画笔将多余的背景沿着衣服边缘擦干净，如图 6-7、图 6-8 所示。

图 6-7

图 6-8

此时我们会发现人物头发的边缘依然有很多原背景中的黄色，用“快速蒙版”工具将其选中，选择“色相 / 饱和度”，用“吸管工具”吸取头发的颜色，然后勾选“着色”复选框，再略微更改饱和度和色相，有黄色边缘的头发就变回正常的颜色了，然后按快捷键 Ctrl+D 取消选区，如图 6-9 所示。

为了使画面更和谐，我们选择曲线工具，调整整体光影，让换进来的新背景与人物相融合，如图 6-10 所示。

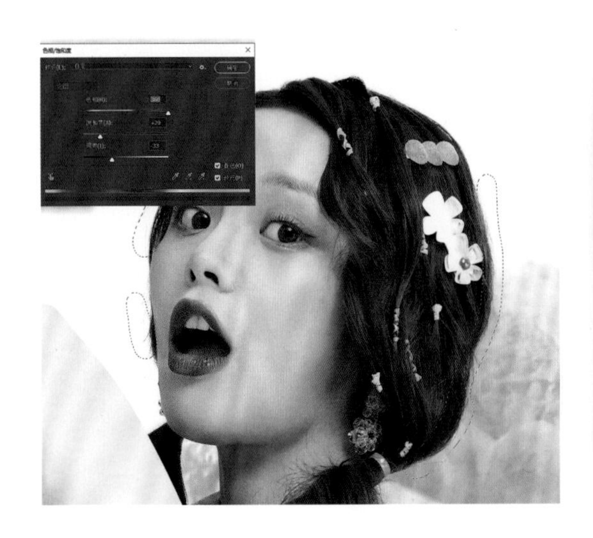

图 6-9

图 6-10

加大自然饱和度，使色彩更艳丽，如图 6-11 所示。

要让画面和谐统一不仅要调整光影，统一环境色同样重要。选择“色彩平衡”，为中间调加一些洋红，然后合并所有图层，这样人物与背景就更加和谐了，如图 6-12 所示。

图 6-11

图 6-12

来看一下原图与最终效果的对比，如图 6-13 所示。

图 6-13

课后思考

1. 便捷快速的抠图工具是什么，其路径又是什么？

2. 有多余的背景与被抠漏的背景应如何处理？

3. 头发上有环境色应如何处理？

6.1.2 细致抠图的方法

图 6-14

抠图的粗细是根据照片的复杂度来决定的，比较细微、难处理的地方，如头发丝、玻璃杯等，就需要将几个不同的工具相互配合使用。

原图是一张色彩丰富且细节较多的照片，如果要为其换一个背景，那么人物的头发丝、玻璃杯，以及气球的彩带与桌上金属摆件上倒映的颜色，都是需要细致处理的，如图 6-14 所示。

选择“选择”菜单下的“选择并遮住”，在选择并遮住的界面中，用“快速选择工具”将人物主体大致选出，如图 6-15、图 6-16 所示。

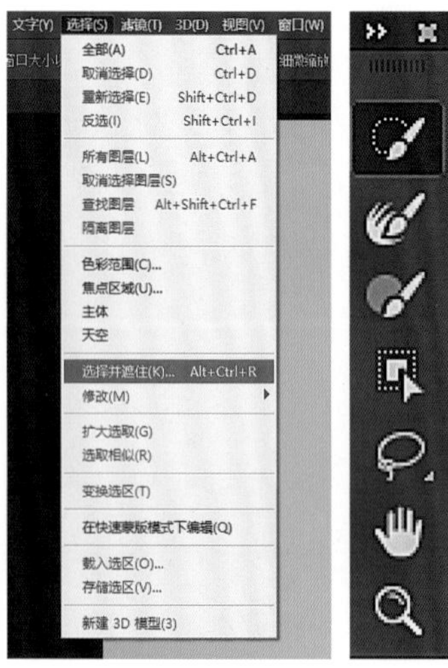

图 6-15

图 6-16

选择“套索工具”，将人物头发四周连同背景一起还原回来，这么做的原因是头发的很多细节都被抠掉了，我们需要重新细化处理，如图 6-17 所示。

图 6-17

选择“调整边缘画笔工具”仔细地将头发边缘的背景擦掉，如图 6-18 所示。

图 6-18

在右侧“属性”面板中，将“输出到”改为“图层蒙版”，如图 6-19 所示。

单击“确定”按钮，回到 Photoshop 主界面中，这时我们得到了一张带有图层蒙版的抠得略有瑕疵的图，然后我们将准备好的背景换进来，如图 6-20 所示。

图 6-19

图 6-20

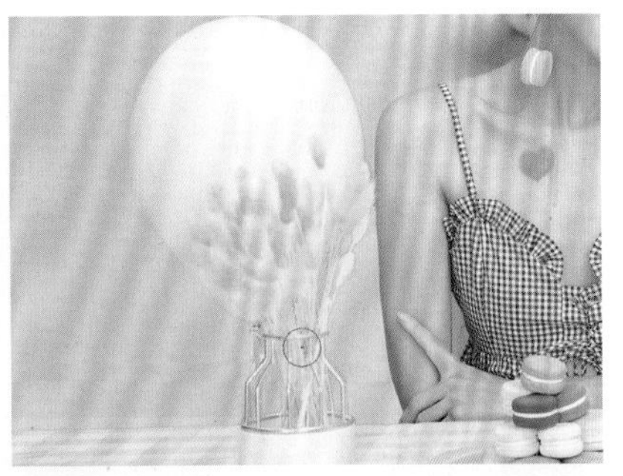
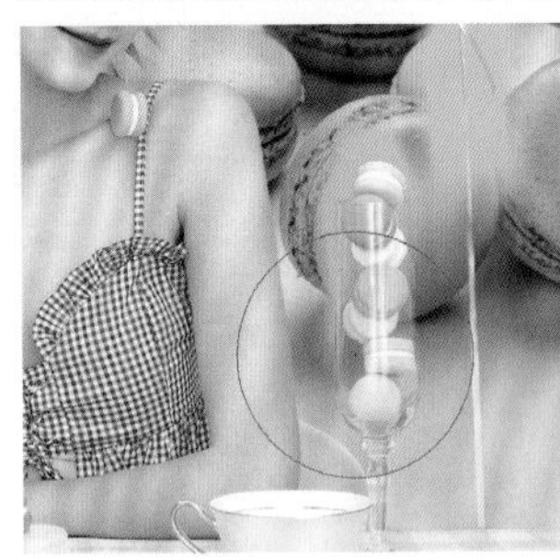

为了更好地处理这些瑕疵，在蒙版上将已经被扣掉的蓝色背景还原回来一些，扩大蓝色背景的面积，然后选择“背景橡皮擦工具”将蓝色背景一起擦掉，这样操作抠图更方便，如图 6-21 所示。

图 6-21

此时我们观察到人物的一部分头发上有很多蓝色的原背景色，用“快速蒙版工具”为头发做选区，然后选择“色相 / 饱和度”，用“吸管工具”吸取正常头发的颜色，勾选“着色”复选框，适当调整色相与饱和度，将带有原背景色的头发调回正常颜色，如图 6-22 所示。

选择“色彩平衡”工具，加一些红色与黄色，将发梢的颜色调至与马尾辫的颜色相近，这样看起来更自然，如图 6-23 所示。

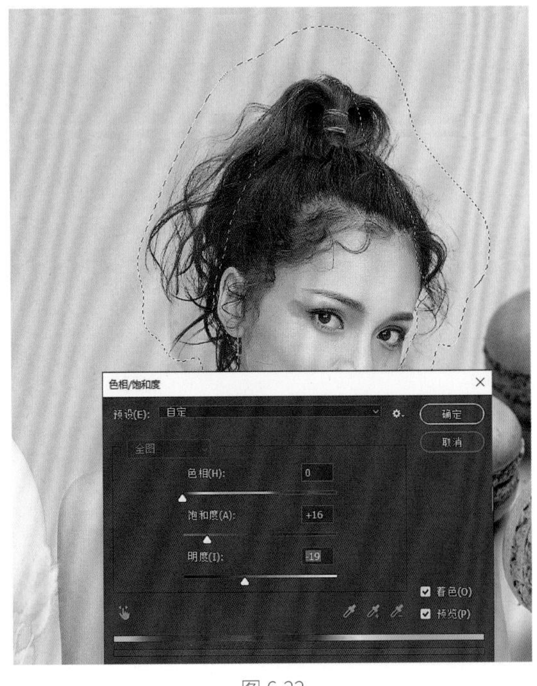

图 6-22

图 6-23

用同样的方法，将花瓶上方的金属托、皮肤边缘及气球等调回正常的颜色，如图 6-24 所示。

选择“自然饱和度”，加大饱和度，让照片整体色彩更活泼、艳丽，如图 6-25 所示。

图 6-24

图 6-25

我们来看一下原图与最终效果的对比，如图 6-26 所示。

图 6-26

课后思考

1. 头发丝应该如何细致抠出?

2. 透明的玻璃应该如何抠出?

3. 金属与皮肤上的环境色很重怎么处理?

6.2 案例：魔法主题照片合成

魔法主题照片合成是众多照片合成种类中很有趣的一种，它展现出了超现实的特点，把我们带进一个有趣的世界。

6.2.1 分析原图

原图中有两个小男孩在梯子上，一脸期待、开心地够着什么，篮子里的星星说明两个小男孩是在摘星星，那么我们就可以根据这些信息判断，合成的作品与夜晚摘星有关，如图 6-27 所示。

图 6-27

6.2.2 融合夜空背景

用我们学过的抠图方法，先将人物抠出，然后将选好的背景换进来。在选择背景的过程中需要考虑，背景一定要与主题相吻合，比如主题为夜晚摘星，那背景中就一定要有星空，而梯子要放在地面上，所以我们选择带有植物却没有拍到地面的背景，这样既可以表示两个小男孩爬得很高，也可以表现出梯子是在地面上，而不是浮在半空中。

将背景换进来后，仔细观察会发现，人物与背景的光影明暗相差较大，头发有些亮、发灰，并且环境色很重，如图 6-28 所示。

图 6-28

为了使背景与人物光影统一，我们用“曲线”将背景提亮，不要担心整体效果不好，这一步主要的目的是统一明度，使画面整体更和谐，后面再整体压暗，如图 6-29 所示。

来到 Capture One 中，用“曲线”整体压暗。在 Photoshop 中我们已经统一了光影，在这里整体压暗后，才是我们真正要的基础影调，也就是先统一再定调，如图 6-30 所示。

图 6-29

图 6-30

在“白平衡”中将“色温”调为偏蓝，“色调”调为偏洋红，这样做的目的是统一人物与环境的颜色。对于这张照片来说，夜空的颜色偏蓝紫更适合星空主题，如图 6-31 所示。

在“渐晕”面板中，适当压暗照片四周，让画面的整体光影不散，如图 6-32 所示。

图 6-31

图 6-32

图 6-33

在“色彩编辑器”中，将照片的整体饱和度加大的同时更改整体色相，使画面色调偏蓝，并且色彩更加浓郁，然后导出，如图 6-33 所示。

6.2.3 添加星星和月亮

回到 Photoshop 主界面中，用“画笔工具”在夜空中画上星星与月亮，为了使画面不单调又不抢主体，月亮只露出一半放在画面右上角即可。

星星要画得有大有小，突出层次。在小朋友伸出的手的上方画一颗大星星，来点明主题。其余的小星星尽量散开，不要太密集，将几颗小星星画在画面下方，给人一种下星雨的感觉，也会给画面带来灵动的美感，如图 6-34 所示。

图 6-34

选择“可选颜色”，为蓝色加黑色，压暗夜空明度，将星星映衬得更加明亮，同时画面也更沉稳，如图 6-35 所示。

小男孩篮子里的星星是银色的，为了更好地烘托氛围，我们把它调整为发光的黄色，用“钢笔工具”给星星做一个选区，如图 6-36 所示。

图 6-35

图 6-36

做好选区后为了使边缘更加柔和，对选区进行羽化，“羽化半径”为 2，如图 6-37 所示。

将选区填充为黄色，再按快捷键 Alt+L+Y+O 添加外发光的效果，如图 6-38 所示。

图 6-37

图 6-38

为了更好地突出梦幻的感觉，用“画笔工具”为篮子里的星星画上一些光点。此时我们观察小男孩踩的梯子，虽然是白色的，但是看起来有些粗糙，颜色也不是很干净，如图 6-39 所示。

用“快速选择工具”为梯子做一个选区，然后新建一个图层并填充白色，更改图层不透明度，这样梯子就会变得细腻、干净，最后合并所有图层，如图 6-40 所示。（在前面的步骤中，也可以根据需要合并图层。）

图 6-39

图 6-40

图 6-41

复制一层，进行“高斯模糊”，将图层混合模式改为“柔光”，使画面整体更加立体、柔和，但对比度有些大，因此将图层不透明度改为 55%，如图 6-41 所示。

此时观察画面整体光影，人物肤色过亮，尤其是摘星星的小男孩的脸部。用“阴影 / 高光”工具（快捷键 Alt+I+J+W）将高光压暗，再添加一个“图层蒙版”适当擦出亮的区域，如图 6-42、图 6-43 所示。然后再观察整体效果，发现夜空的颜色有些突兀，不够自然，空间感也不强。

图 6-42

图 6-43

进入 Camera Raw，选择“混色器”属性中的蓝色，更改蓝的色相，使其偏青色，然后减小饱和度，降低明亮度，将夜空的层次感调出，如图 6-44 所示。

再选择黄色，将黄色的饱和度和明亮度加大，使星星和月亮更加明亮，如图 6-45 所示。

图 6-44

图 6-45

在“曲线”属性中调光影，将整体压暗的同时略微加大对比度，再次强调层次感，使画面光影不平且柔和，如图 6-46 所示。

在“基本”属性中，加大“纹理”和“清晰度”，增加画面质感，然后单击“确定”按钮，回到 Photoshop 主界面中，如图 6-47 所示。

图 6-46

图 6-47

用“色彩平衡”工具为中间调加黄色，主要目的是将人物调暖，强调主体，然后在小男孩手上方星星的拖尾处加一些光点，加强小男孩与星星的互动感，如图 6-48 所示。

新建一个图层，将图层混合模式改为“柔光”，用“渐变工具”设置“由黄到透明的渐变”，为篮子里的星星加暖光，点亮篮子与星星。这样会使画面氛围感更好，星星更真实，构图也不空，如图 6-49 所示。

图 6-48

图 6-49

我们来看一下原图与最终效果的对比，如图 6-50 所示。

图 6-50

课后思考

1. 合成照片时背景应如何选择?
2. 合成照片时要进行两种统一，分别是什么?
3. 我们是根据什么来选择素材的?
4. 主体可以通过什么来突出?

6.3 案例：古风主题合成

古风主题合成的类型也是非常多样化的，有水墨类型的，也有影视剧风格类型的，如仙侠、玄幻等，不管是哪种类型，都要表现出中国风的特点，所以从选用的素材到情境主题的表达，都要能让人一眼看到中国风的美。

6.3.1 分析原图

原图是一位婀娜多姿的年轻姑娘拿着油纸伞垂眼行走于路上的照片。我们可以想象出浪漫的雨中，一位红衣美人与什么东西互动的画面，如图 6-51 所示。

图 6-51

6.3.2 融合烟雨背景

将原图复制一层，通过“移除背景”粗略地抠图，这时油纸伞会被抠掉很多，用前面学过的方法，先在蒙版上还原完整的油纸伞，再用“钢笔工具”做选区，然后将多余的背景擦掉，而后把选好的素材导入背景层上方，如图 6-52 所示。

图 6-52

为了更好地融合背景，在背景层上方新建一个图层，然后用“吸管工具”吸取素材背景色填充画布，如图 6-53 所示。

为素材层（图层 2）添加蒙版，用“由黑到透明”的渐变处理生硬的边缘，使背景融合。再回到人物抠图层（图层 1），单击鼠标右键，在弹出的快捷菜单中选择“栅格化图层”选项。然后用“背景橡皮擦工具”仔细地将头发丝抠出，将其他未处理好的细节一并处理好，如图 6-54、图 6-55 所示。

图 6-53

图 6-54

图 6-55

按快捷键 Ctrl+T 自由变换，将人物缩小并放在合适的位置，然后用“水之语”插件为画面做出水面倒影效果，这样画面整体的背景雏形就完成了。从一开始的灰白纯色背景，到现在的水面烟雨背景，我们可以看到翻天覆地的变化。后方的风景选用山峦、瀑布、拱桥、繁花，一是为了呈现出层次感、景深感，二是为了烘托出古风氛围。

前景的水面倒影很好地拉伸了画面空间，也使人物眼神有落处，如图 6-56 所示。

图 6-56

图 6-57

为了更好地统一环境色，接下来在 Camera Raw 的“颜色分级”属性中，在高光影调区域加青蓝色，此时观察画面，虽然色调统一了，但是人物肤色很闷，画面光影层次有些平，如图 6-57 所示。

图 6-58

在“曲线”属性中，将黑色提亮，白色压暗，为画面提灰，然后给中间调加大对比度，使画面形成柔灰的光影，这样处理照片整体氛围会柔和、有层次，有浓淡晕染的光影效果，如图 6-58 所示。然后单击“确定”按钮，回到 Photoshop 主界面中。

6.3.3 添加互动元素

为了增加画面的灵动感，我们在画面中添加一条跃出水面的锦鲤，将图层混合模式改为“强光”，锦鲤既能与人物形成互动，也能使画面更丰富，如图 6-59、图 6-60 所示。

图 6-59

图 6-60

用“画笔工具”为画面整体绘制上雨幕，注意人物脸部不要有雨丝，这样烟雨朦胧的氛围感就出来了，如图 6-61 所示。

盖印一层（快捷键 Ctrl+Shift+Alt+E），用“减淡工具”将人物裙子上的花纹擦亮，这样可以使人物更加有立体感，如图 6-62 所示。

图 6-61

图 6-62

将盖印层（图层 3）复制一层，再次用“水之语”插件做一个水面倒影的效果，如图 6-63 所示。

用图层蒙版将多余的背景用渐变工具去掉，将图层不透明度改为 26%，这样背景既有意境又不空，如图 6-64 所示。

图 6-63

图 6-64

为了更好地营造烟雨朦胧的氛围，我们再用“画笔工具”在水面处和裙角处画一些雾气，如图 6-65 所示。

再用“画笔工具”在跃出的锦鲤上方画一些大颗的水珠，使锦鲤活灵活现，看起来更加真实，如图 6-66 所示。

图 6-65

图 6-66

我们来看一下原图与最终效果的对比，如图 6-67 所示。

图 6-67

课后思考

1. 本节案例为什么用半幅图做背景，而不是用整幅图做背景?
2. 为什么用“颜色分级”来统一色调?

6.4 案例：甜美主题合成

图 6-68

甜美主题多用于展现可爱的人物，我们可以通过多元化的素材烘托出甜美的氛围，素材可以是现实生活中的事物，也可以是插画，没有固定的要求，在突出主题的同时，保证画面整体和谐即可。

6.4.1 分析原图

原图中一位甜美的少女俏皮地看着镜头，主色调是黄绿色，主要道具是水果，我们可以通过这些信息选择合适的合成素材，如图 6-68 所示。

6.4.2 融合水果背景

用“背景橡皮擦工具”将人物头发附近的背景抠掉，如图 6-69 所示。

图 6-69

用“魔棒工具”将其他绿色背景选中并删除，如图 6-70 所示。

把选好的素材导入照片，放在人物层下方。前面我们分析照片的主要道具是水果，所以背景素材就选用了有水果的场景，以与原图主题紧扣，如图 6-71 所示。

图 6-70

图 6-71

用“快速蒙版”工具选中头发，然后用“色相 / 饱和度”将发丝的偏色调回正常，如图 6-72 所示。

将选择的水果素材导入，放在人物层下方。为了使画面不呆板，我们将女孩所坐的地方也换成水果，考虑到旁边摆放的水果有橙子，并且背景色是黄色，所以我们选择一个巨大的橙子作为“凳子”，这样不仅元素与原图相近，而且相近的黄色也便于我们抠图。只需要在人物层通过“图层蒙版”轻轻擦拭就可以将人物抠出，然后合并所有图层，如图 6-73 所示。

图 6-72

图 6-73

在 Camera Raw 滤镜的“混色器”属性中，将青色的明亮度加大，让后面的背景颜色变淡，空间感就会被体现出来，如图 6-74 所示。

将绿色的明亮度加大，背景中的猕猴桃、绿叶等也会随之变淡，再次将空间感加强，如图 6-75 所示。

图 6-74

图 6-75

将蓝色的明亮度减小，使人物的衣服更有层次感，如图 6-76 所示。

在“基本”属性中，将“色温”调至偏蓝，“色调”调至偏洋红，这样在统一色调的同时，也会使画面色调更干净、通透，如图 6-77 所示。

图 6-76

图 6-77

在“颜色分级”属性中，在中间调为画面加黄色，使人物整体变暖，并进一步统一色调，如图6-78所示。然后单击“确定”按钮，回到Photoshop主界面中。

图 6-78

6.4.3 增加点缀元素

因为原图中人物的脚没有拍全，且人物腿部与背景的色调相差过大，还要考虑为腿部添加阴影等问题，处理起来比较麻烦。我们直接用“水之语”插件制作一个水面，这样不仅能遮盖前面所说的问题，还可以使画面整体色彩更丰富，氛围感更强，并且增加了一个前景，空间感也会更好，如图6-79、图6-80所示。

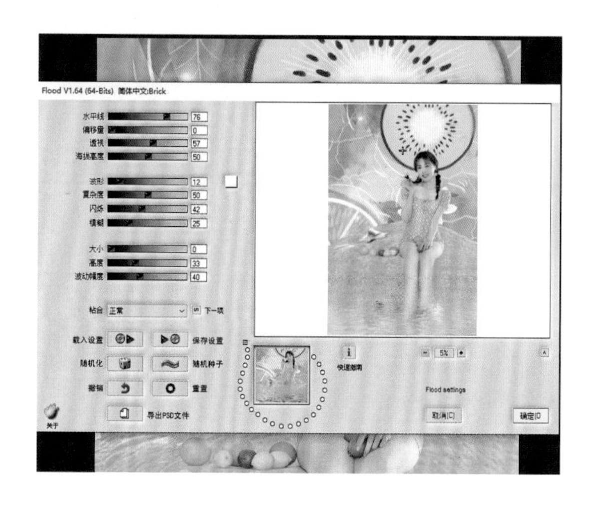

图 6-79

图 6-80

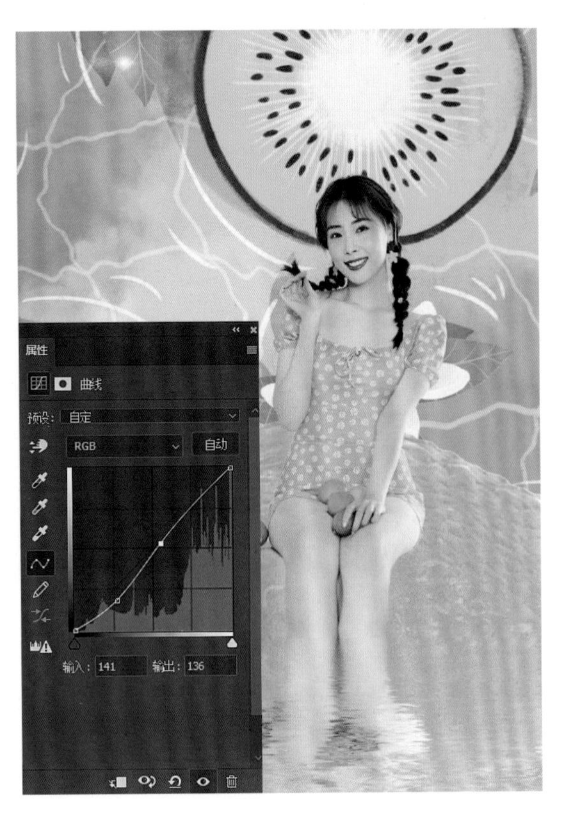

图 6-81

再用“曲线”工具调整画面光影，加大对比度并去灰，如图 6-81 所示。

为了更好地突出画面的立体感与质感，我们将原图复制一层，然后选择“调整”菜单下的“HDR 色调”，加大“细节”和“饱和度”，使画面层次更丰富，色彩更艳丽，如图 6-82、图 6-83 所示。

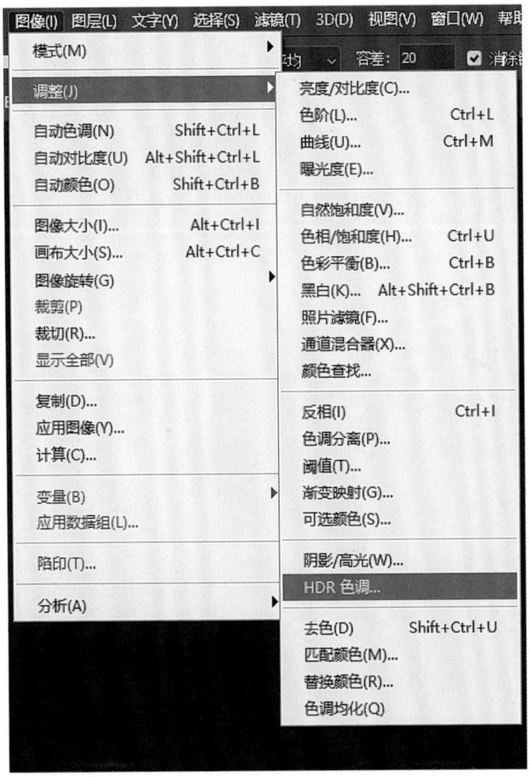

图 6-82

图 6-83

将做好的 HDR 效果图用“移动工具”拖回原图中，设置图层的不透明度为 57%，如图 6-84 所示。

用“画笔工具”在画面中画一些云朵，营造出“仙气飘飘”的氛围，再将小兔子素材放在腿部附近，让画面的灵动感更强，互动内容更丰富，如图 6-85 所示。这时我们再来观察画面的细节问题，发现人物的刘海和脖子处的阴影都偏黄。

图 6-84

图 6-85

用“快速蒙版”工具做好选区，然后用“可选颜色”工具为黄色加蓝色、白色，将肤色调回正常，如图 6-86 所示。然后我们发现人物前胸及胳膊的肤色偏灰、亮、平，不仅与脸部肤色差距过大，且人物也不够立体。

新建一个“柔光”层，用画肤法将人物肤色画匀、画立体，然后合并所有图层并存储，如图 6-87 所示。

图 6-86

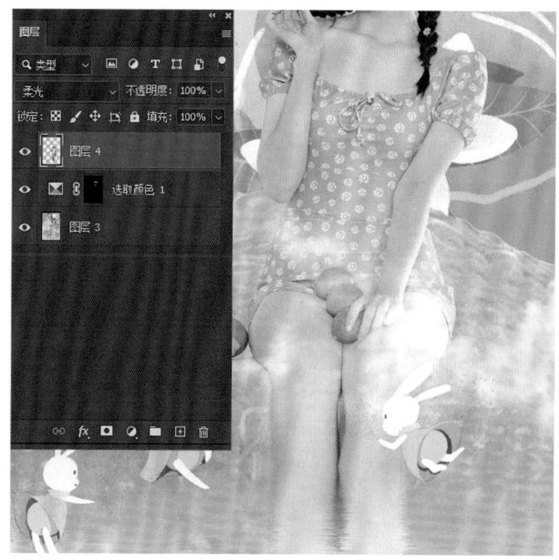

图 6-87

我们来看一下原图与最终效果的对比，如图 6-88 所示。

图 6-88

课后思考

1. 本案例中用了哪两种方便的抠图方法?
2. 本案例中为了突显出画面的空间感，先后用了哪些手法?
3. 氛围的烘托主要体现在哪里?